U0173199

$$\rho = \alpha e^{\varphi\kappa}$$

Gliding Along the Nautilus

Mathematical Thoughts on Architectural Interior Design

顾骏／著

沿着鹦鹉螺线滑行

建筑室内设计的数学思考

上海科学技术文献出版社
Shanghai Scientific and Technological Literature Press

目录

序言

关于本书的构思，我酝酿了许久。2018 年我开始琢磨如何写这本书，但由于一直忙于具体事务而没有一段相对安静的时间来展开写作工作。终于因为 2022 年的新冠疫情，我有了一段相对空闲的时间可以安安静静地待在家里，看书、思考和感悟。在 2022 年底，我才真正开始动笔。

这本书更像是我内心的独白与感悟，将自己在数学和设计中的理性思维与工作中遇到的问题进行碰撞思考，提出一些粗浅见解。

从大学毕业至今已有三十多个年头，我一直在设计院从事具体的设计工作，要转入纯文字的写作，对我而言跨度有点大，所以在一开始写这本书的时候进展很慢。但自从找到了一个好的输入方法之后，写作这件事儿慢慢地也变得容易了。

2017 年我在美国西雅图参观飞行博物馆，在那里看到了成千上万种飞行器，它们被人类发明出来，翱翔于天空之中。飞行器的关键是所有的机翼都运用了伯努利的空气动力学原理：当气流在流速较快的一侧通过的时候，它的压强比较小，而在它流速比较慢的一侧，它的压强比较大。飞机通过一个简单的原理被设计了出来，人类从而具备了飞翔的条件，而其他一切也围绕于此，自然而然地发生发展了。一个简单的伯努利原理，竟然演绎出如此丰富多彩的飞行器世界。

另外一个让我觉得有意思的是大自然中千姿百态的植物造型。植物生长的基础是光合作用，光合作用提供能量，植物从它周边的自然环境中汲取营养物质，不断生长。在此过程中，它生长的结构受到了地球的重力以及自身发育的影响。总的来说，所有植物最后长成的模样和结构体系都遵循最优化的原则，受到在本书中所提到的微积分最小作用量原理的影响。

数学是一门传统学科。古人在仰望天空的时候，发现天空中星体运转的规律符合数学的原理——自然在建构如此大尺度事物时所用的技巧竟然也是数学。从地球上的生物演化史来看，几亿年的生物演化中，碳基生物从太阳光中获取能量，然后由自身的代谢推动，最后形成了千变万化、无穷无尽的生物形态。就与我在西雅图飞行博物馆中所看到的那些飞机原型一样，无数的生物或消亡、或衍变成化石形态，而留存下来的生物，无不是适应生物演化史中物竞天择的规律，才走到了今天。

我们可能会思索，所有最终走到今天的事物，不管是飞机还是生物体，其中是否存在着一些特别的东西或者特殊的原因，使它们能够留存至今？究竟是什么因素导致了今天这一系列局面？

本书希望通过分析自然界中事物存在的客观理由，以及这些理由背后的一些原理，从而对设计产生帮助。书中还用了一些篇幅简略地介绍了数学发展史中微积分的起源，以及数学中一些让人觉得非常惊讶的智慧闪光点。作为一个数学爱好者，我真心希望数学中的一些原理能对今天的设计产生一些帮助。

本书主要由三个部分组成。第一部分包括 1 到 9 章，讨论设计如何“师法自然”，即通过介绍自然中的一些数学原理，分析如何把微积分作为逻辑的引擎，从而影响设计。第二部分包括 10 到 13 章，重点在分形几何的原理和图形上，分析其如何与设计产生关联。第三部分包括 14 到 18 章，阐述所有生命体和建筑及城市的系统相似性，它们在幂指数关系上发生联系；这一部分通过解释幂指数、分形维度等概念，希望在数量关系层面揭示出多系统、多元素内在的关联，从而得出结论：数字实际上是联系万事万物的基本要素。

鹦鹉螺在其生长过程中，通过吸收海水中的矿物质，不断地堆积自身分泌物从而形成外壳。在它漫长的生长过程中，壳体完全是按照自然微积分中最优化的原理所进行创作的成果，最后形成的这根优美的对数螺线，反映了数学之美。因此我将“鹦鹉螺线”引入本书的名字，“滑行”是思维运动的形象化表达，故而有了这本《沿着鹦鹉螺线滑行——建筑室内设计的数学思考》。

Gliding Along the Nautilus: Mathematical Thoughts on Architectural Interior Design

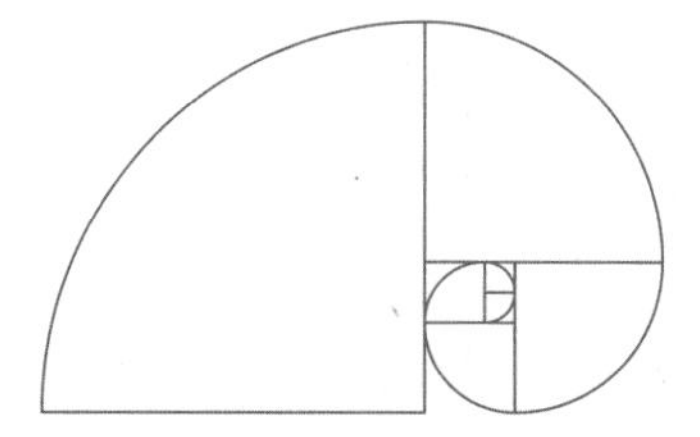

1

从蒙德里安的抽象开始

从介绍彼埃·蒙德里安的专辑中可以了解到，蒙德里安的早期绘画作品并非理性抽象构图的画风，而是属于写实风格，从画具体的树开始，不断探索对树的描绘。随着时间的推移，他对树的描绘从细致刻画转向了大刀阔斧的归纳和整理，越来越抽象，达到了内在的平衡状态。

蒙德里安的画作让我们可以感受到理性平衡，在画面的无数个局部中，体会到一种精确的平衡感。从具象到抽象，从普通到永恒，就像一件衣服的内外两层，动和静在一瞬间达到自洽的平衡，这个过程非常有意思，结果也很了不起。是如何发展成这样的呢？其中又发生了什么？

1909—1912 年间，蒙德里安尝试着对树的形式元素进行一系列的提取。1920 年，他开始完全摆脱具象，全力探讨水平和垂直色块之间的平衡构图。蒙德里安摆脱了具象的迷惑，通过抽象的几何色彩关系，真正把握了自然，揭示了事物的本质特征和内在的秩序，进入抽象的永恒。他认为自然服从于数学秩序，在

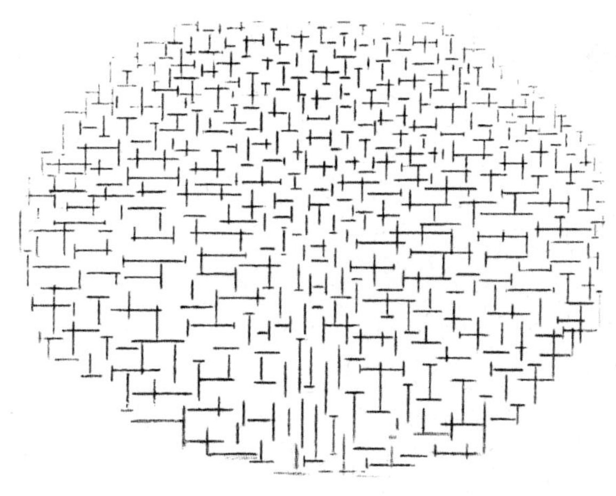

蒙德里安的画作

自然中起作用的是绝对理性的规律，欧几里得的几何学便是这种法则的体现。现实和表象一样，让人失去对自我的把握，无法禅定而要摆脱它。然而，现实之中有着数学的内涵，也就是自然存在的法则。

数学是通向美的阶梯。很多人以为，美是以感性的方式存在于人的意识中的，但我希望把美理解成一种真实的存在，而数学就是一种没有时间限定的存在，一种永恒的存在。也许有部分的艺术可以被视为一种偏见，但是数学绝不是偏见，它是一种真实的客观存在，数学也会存在于艺术中，是艺术中永恒的那一部分。世界观也是一例，世界观会被趣味和偏见所限定，并不是真实的东西，但是数学是永恒的存在。蒙德里安摆脱了具象的美，从而达到了永恒的美。

自然中经常会遇到能量消耗最小的定律。我们所感受到的美来自自然和它的法则，所以能量消耗最小的定律也适用于美学。我们常常在简朴中发现美。在文学、建筑、数学等很多领域，简单对我们的感官来说意味着“愉悦”，而且更有效。这个简单的规则在绘画中也是适用的。艺术家应该避免不必要的线条或颜色，用最少的笔触来表达他们的想法和感受。

我一直觉得数学在美的产生过程中占据核心位置，是美产生的根本原因。运用好数学的原理和方法，可以创造出千变万化的美。

以飞鸟和青蛙为喻。青蛙行走于林间，只能看到几棵小树；而飞鸟飞越树林，能够看到更广阔的普罗大众和更浩渺无垠的世界。研究学问的境界也是这样，做青蛙还是做飞鸟，得到的结果完全不同。

2

为什么会是数学

数学的本质
在于它超然的自主性。
——格奥尔格·康托尔

数学在建筑中所起的作用到底有多大？是指导实践的基础还是衡量质量的标准。几千年来，数学作为用于设计和建造的工具，一直是建筑设计思想的来源。数学与建筑，就像砂石与水泥经过搅拌后相互黏合，在无形中有非常密切的联系。只有将数学在建筑中置于决定性地位，建筑才拥有了自己的灵魂。人类通过数学认识自然、理解自然、掌握自然以及征服自然，数学也早已渗透到建筑学科的所有领域。数学为建筑服务，建筑也离不开数学。

比如路易斯·康设计的金贝尔美术馆。它有一个让光线在室内形成漫散射的剖面。把光线和建筑的构造结合在一起，让光和空间融合，数学对光的漫散射起到了肢解与放大的作用。其实设计者是把这个建筑穹顶的剖面设计成摆线，让数学之美暗合于建筑之中。又比如同济大学袁烽教授所设计的四川崇州竹里项目，

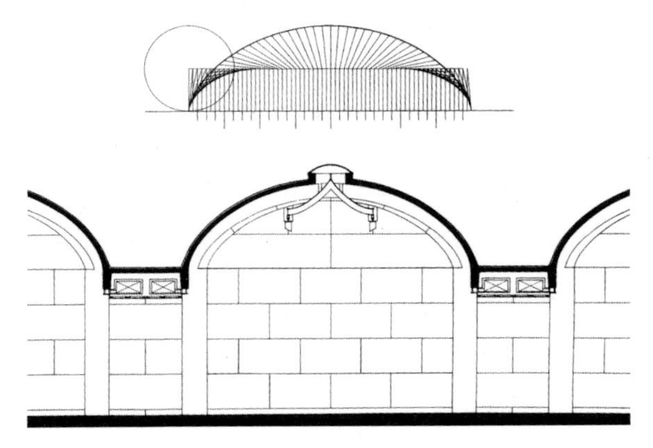

金贝尔美术馆剖面图

金贝儿美术馆室内

无穷楼的双曲面瓦屋顶设计，把莫比乌斯环的结构语言运用到建筑空间和屋顶面造型中。数学的各种形式都是可以被运用的，但一定要参与到建构之中，是在“里面”，而不是在“外面”。数学在建筑中一定要占据造型的主导地位，才能真正发挥它的魅力。

数学的美需要与建筑的基础性内容结合在一起，这是最重要的一点。其次是真实性，建筑的数学内涵必须反映建筑真实的结构构造，才能成为建筑之骨。现在的室内装饰有很多是用石膏板做的，都是一些假的结构、一些虚的面，只是为了弥补施工的瑕疵，或者调整审美比例，并没有真实存在的必要性。比如一些室内的石膏板抹灰面和非受力的造型元素，我们只能把它们想象成大号的假梁，或者起装饰作用的构件——它们失去了存在的必要性。所以真实性是数学存在于建筑中的一个非常重要的前提。

从古至今，不同时代不同地区的工匠结合当时当地的工艺、气候、环境、艺术特色和数学的发展程度等条件建造出各具特色的建筑。从纯几何形的古埃及金字塔、方形的古罗马神殿、半圆形的古希腊剧场和圆形的古罗马斗兽场，到 20 世纪用混凝土构筑的自然塑形建筑，再到 21 世纪的流线型参数化设计的建筑。在漫长的历史演进中，人类不断发明和创造出了各种类型的新建筑，这些革新是时代发展的标志，引领着社会的进步。同时，在这些建筑中，也藏着一些不为人知的数学的、永恒的美。

说起建筑学，人们有时免不了认为它是一个人文学科，或是一个边界模糊的学科，没有非常鲜明的原理或科学方法论。那么，数学在其中能够充当什么样的角色?

建筑室内设计的多样性会迷惑你，让你很难分辨出其中数学或者理性的影子，这时，真实性就会起到很大的作用。自然界的澄明是不以人的意志为转移的，而是以“最”为法则。而人的意志往往不澄明，所以科学家可以用几何般的澄明来证明自然与宇宙，但无法诠释人的意志。室内设计和建筑一样，会被人的意志所左右，而意志会给它戴上虚假的面具。

自然拥有数学的内核，只有将设计让位给数学，让位给澄明的科学，才能发挥自然科学的价值；让人的意志退出，让位给数学，让位给澄明的科学，用“上帝的方法”进行创作，这才是永恒之道。

有一个完美体现数学作用于室内空间的案例，那就是中国银行总行大厦，由贝聿铭设计。它的内在控制线条形成虚拟的模数线条网络，笼罩在整个室内空间中，形成了一种空间的节奏感，传达出空间变化的韵律。这个项目是用几何阐述建筑室内设计的经典范例。

3

贝聿铭设计中带来的启发

中国银行总行大厦是我最喜欢的建筑之一。贝聿铭先生把“虚”和“实”完美地融合在一起，形成一个整体，用“实”的体块来塑造与定义“虚”的空间。他用内在的控制线把空间的虚实构成了一个整体，用一张看不见的网笼罩整个室内空间，形成节奏变化，这是现代主义中一种比较经典的手法。

看了贝聿铭先生的传记，我才明白自己也是一个标准的现代主义者，对于极简和永恒有着无与伦比的热爱。贝聿铭的作品很好地诠释了虚与实的关系、虚对实的控制、数学对虚的控制，这一切又回到现代主义的主路上来了。

1. 模数的应用

在中国银行总行大厦的设计中，贝聿铭先生采用了非常精彩的模数制，并用它贯彻设计的始终，从而取得了近乎完美的效果。最基本的模数来源于立面上的一块石材的尺寸。这个尺寸为 1150mm×575mm，是 2∶1 的比例关系。而建筑的基本轴网为 6900mm，层高为 3450mm，它们分别为石材长宽的 6 倍。建筑的门高为 2300mm，是 3450mm 的 2/3，为 4 块砖的高度，这也是高级建筑的理想门高。建筑各处的尺寸都符合这个模数，这样一来，最后的呈现效果非常完美，到处都是整块的石材，绝不会出现石材不合模数的情况。而且在施工过程中，一块标准尺寸的石材无论放在哪里，都不需要经过切割便可以使用，大大方便了施工。

这已不是一般意义上的室内装修，建筑与装修真正融为了一体。其实在古代的西方，建筑都由石材建造，结构、建筑、装修本来就是一回事，贝聿铭先生正是要追求与之相同的效果。而我们所说的一般意义上的装修，是在结构、建筑都做完之后，再附加上的“一张皮”。

贝聿铭先生严格的模数制同样也具有很大的灵活性，他根据不同的功能需要，灵活变换模数。6900mm×6900mm 的基本柱网，既考虑了办公空间的家具

中国银行总行大厦室内

分隔，同时又是其结构体系——无梁楼盖的经济跨度。地下车库考虑并排停三辆车的布置方式，采用 7800mm×7800mm 的柱网，而车库正好位于中庭及 54m 的大跨结构之下，避免了两套柱网的矛盾。卫生间以装修面砖为模数，其尺寸为 150mm×300mm，所有卫生间的开间、进深、净高都为其整数倍，厕位、洗手池等的中线以及灯、排气孔均与模数线相齐，天花、铺地的分格也严格遵循这个模数；所以，卫生间所有的线角都前后、左右、上下交圈，任何一道线延伸到任何一个方向，转 360° 都可以回到原位，呈现效果非常完美。在吊顶的设计中，采取两套模数，主体空间为 1150mm×1150mm，办公空间为 575mm×575mm，两个 575mm 又正好是日光灯槽的尺寸。

贝聿铭先生一直把模数制贯彻到节点大样中。在设计节点之前，他先打好 575mm×575mm 的方格，即所谓的“模数线”。用统一的模数以不变应万变，是贝聿铭先生惯用的手法之一，在他以前的作品中也经常采用。比如位于新加坡

中国银行总行大厦室内

的华侨银行大厦，采用的是 2000mm × 1000mm 的模数，也是 2:1 的比例关系，它正好符合门的高、宽；卫生间采用 200mm × 100mm 的模数。

但是，这种 2:1 模数体系也给贝聿铭先生在中国银行总行大厦的设计中带来了麻烦。方案中东南角的玻璃尖塔不是很好看，显得不够挺拔。这是因为 2:1 的比例关系，决定了尖塔方锥的侧面与底面的二面角只能是 45°，而最完美的方锥造型的二面角却不是 45°，而是贝聿铭先生在卢浮宫金字塔设计中采用的角度——50.7106°。卢浮宫金字塔所用的不是这种 2:1 的模数体系，对此，贝聿铭先生有他自己的解释：考虑到北京对城市建筑有高度限制，尖塔需要降低高度。

总之，贝聿铭先生的模数体系是非常精彩的，我认为这是真正的“技术与艺术的完美结合”。

2. 建筑与结构

在贝聿铭先生的设计中，结构技术的含量一贯极高。以中国银行总行大厦为例，无论是面阔 54m 的入口、位于 11 层的空中接待大厅，还是锥形逐渐向上收分的银行营业大厅，都是借助结构的非凡表现来达到撼人的艺术效果。贝聿铭先生在设计时，常常在方案构思阶段就把与他合作的结构工程师找来，与他们讨论构思的可能性。结构工程师从他的方案中寻求灵感，新型的结构体系往往在这一阶段产生。所以，贝聿铭先生的设计总是能如此充分地利用结构、表现结构。

在中国银行总行大厦的设计中，贝聿铭先生采用了严格的模数制，所有的模数都基于装修，所以在设计中采用了以建筑面为设计面，结构后退的方式：主要空间的轴线都与装修线对齐，而与结构没有任何直接的关系。这样一来，建筑的图纸可以画得十分漂亮，但结构的图纸看起来却十分别扭：轴线与装修线相齐，与结构总是差了很小的距离。为此，结构工程师要付出多几倍的工作量。而以往的做法都是以结构的中线为轴线定位的。

贝聿铭先生对比例、对位、材料加工、几何关系都精确到毫米的认真态度，让我们非常钦佩。在实际工作中，真正导致我们设计水平不高的原因，其实是职业态度的不端正和对自身要求不够严格。

现在回想起来，在我的实际工作中，无论是对空间掌握、材料运用、地域文化的使用上，还是在把握建造与几何关系的精确度上，我都从贝聿铭先生的中国银行总行大厦这一项目中汲取了不少营养。

在设计浦发银行大堂的智慧云屏和东北某银行大堂速降线的云屏时，我也尝试融入数学元素，使这两个大堂中间的云屏既与周边的建筑室内主体之间有密切的暗合关系，同时又蕴含了极致的数学之美、结构之美（后文中将做详细讲解）。它们虽然只是室内的一个局部，但是它们对周围的室内环境起到了呼应和烘托作用，就像卤水点豆腐，强化了室内空间美的力度。

写到这里我突然想起路易斯・康的一句话："艺术是不可度量的。"我在做设计的时候，也希望它不可度量。但在实际操作过程中，又往往顺着可度量的方式进行。如果让它完全成为可度量的，艺术就会死亡，但是你把它设定成只有一瞬间的存在，它就不会死掉。"瞬间的存在"不就是微积分里导数存在的状态吗?真是异曲同工之妙啊!

是否可度量这个问题发展成了数学与艺术之间界限的一个悖论。关于如何鉴定精确与非精确，东方和西方有不同的思路。西方的古希腊文化是以度量的方式来思考的。对他们而言，数学、逻辑学、哲学都是度量的产物，而度量就是思想。东方的古代印度人认为度量是幻象，因为当你可以度量某个东西的时候，那个东西就是非常有限的；而如果你把自己所有的结构、道德和生活都建立在度量，也就是思想之上的话，那么你就永远无法自由了。因此与东方不同，西方理性思维在追求不可度量之物（也就是艺术）的时候，就像一个无穷的级数，它看似无穷无尽但最终会收敛到某一个点上，这其实也和数学极限原理有几分相似之处。

艺术是可度量的吗? 艺术是不可度量的。数学是可度量的吗? 数学是可度量的。怎么来表述或者拿捏这种精确与非精确、可度量与不可度量呢? 我想到了一个运用微积分的方法：让它成为一个无限的级数，最后收敛到某一个点上。这也许是一种比较有趣的数学类比思维。

柯布西耶说，音乐与建筑本质上都是"度量"的问题。声音只有在分成可度量的区段后才可借书写的方式传递，或者说，记谱前先要把声音"几何化"。建筑也一样，这个几何度量要落实在具体的造型、具体的建造上，才能在空间中被人们所感知。

4

从必然率开始 数与形的研究

包含必然率的悲剧
才会体现出真正的智慧
——亚里士多德

古希腊人认为必然率与偶发事件是相对立的。他们强调必然率，许多人认为所谓必然的东西往往是真正有意义的东西，悲剧也是社会生活中必然的事情，所以只有在悲剧中才能体现智慧。这是古希腊人对戏剧与社会的理解。

数学是什么？它隐含在由此及彼的过程之中，它是一种思考的载体，你可以通过数学来理解智慧。你从设计中看不到从无到有、从不明朗到明朗的过程，你看不到这一切是如何发生的，你看到的只是最终的结果。但是数学可以让你看到过程，它可以把必然率展现出来，把来龙去脉都展现给你。

所以很多设计师在介绍他们的设计作品时，从来不会说这个设计的意义，也不会说他们在追求什么。他们具体在做的事情和所追求的事情，两者是有差异的，但是在设计的结果中，你可以看到的色彩、光线、造型、比例，这些着力点是他们在整个设计过程中可以显现的部分。但是真正在他们精神层面的东西，神性的东西以及自我的东西，是不便言说的。这是不可度量、不可描述的意志所在，而他们真正所追求的不光是一个形式，更有形式之上的东西。所以说，美实际上是不可能解释清楚的。要追求的东西永远在远方，而落实到具体在做的事情上，往往只是一种有形式感的东西，是看得见、把握得住的东西，包括造型语言、逻辑语言，这些都是可以让人理解和琢磨的东西。这也是设计过程中我觉得比较有意思的地方。

帕特农神庙

1. 古典建筑的静态几何

设计和数学的相关性，主要体现在两个方面。

第一个方面，在古典几何学中，我们能看到一些永恒的图形，包括内在的比例、图形的对比关系，那些显而易见的关系中，又带着平衡关系、对位关系、切分关系、相似关系等抽象的内容。总之这些东西是一目了然的。古典建筑中也可能包含一些与图形有关的、与生俱来的，却并不为人所知的内容。这部分内容我们可以称之为神秘主义，把神秘主义用到设计中去，也会产生一种不可名状的能量。所有信息都是能量储存的一种方式，逻辑清晰可辨，即便是最简单的图形里也会包含巨大的能量。能量的分布形式也是一种数学的表达形式，像向日葵的造型、鹦鹉螺线等很多自然生成的结构所展现的形态，都是一些自然能量存在的方式。

第二个方面，就是在某些规律中，一些自变量会不断产生变化，并最终趋向于某一个恒定值。圆从内在的变化来说，就是一种没有变化的变化。还有很多规律，是按照无限的增量的方式来体现的，但最终还是趋于一个点，包括斐波纳契数列、帕斯卡三角、黄金比例等。代表古希腊建筑艺术最高水平的帕特农神庙就完美利用了黄金比例。

然而，所有自变量的重复与复制的逻辑，并非最终只趋向于视觉唯美这一个点，其实美也是有多种表现形式的。

2. 现代建筑的动态几何

传统建筑是基于欧几里得几何学进行设计和建造的。几乎所有作品都是以立方体形状为主，高斯曲率几乎处处为零。人们认为平直的欧几里得几何是唯一真实的几何。直到爱因斯坦提出了广义相对论，人类才意识到原来自然时空是弯曲的，黎曼几何才是世界的真实图景。

随着现代建筑学的发展，建筑师开始采用简单的几何形体为构图元素，现代建筑以自由灵活的不对称布局和动态的空间为主要的特征。建筑师通过不同形状、位置和方向的建筑构件，营造不同形式的动感知觉。而对动态几何的探索，其实是对“变量”和“定量”的控制。探索构筑体在运动变化中的不变性，动中求静；在“静止”的瞬间，抓住动态的势，动静互化。

由弗兰克·盖里设计的毕尔巴鄂古根海姆美术馆，运用非线性、非欧几里得几何的设计，将建筑整体的破碎、解体、拼贴、并置表现得淋漓尽致，视觉外观

毕尔巴鄂古根海姆美术馆

毕尔巴鄂古根海姆美术馆局部

产生的各种解构“样式”具有强大的动感和视觉冲击力。其中最重要的技术是得益于法国达索航空开发的名为“CATIA”的 3D 设计软件。这款原本只能运用于航天领域的软件，被改造成可用于建筑的辅助三维互动技术，使得博物馆表面多条复合曲线可视化。要设计出超乎寻常的复杂几何形态，如果不借助计算机强大的运算功能，就不可能对空间形态中的点位进行精确定位，也无法形成轻巧、流动的形态感觉。盖里还聪明地将建筑表面的钛板处理成向各个方向弯曲的双曲面。随着日光入射角的变化，建筑的各个表面都会产生不断变动的光影效果，让屹立的几何体块流动起来。内部空间的设计也极为震撼，盖里打破简单几何的秩序性，让曲面层叠起伏、蓬勃向上，表现出一种攀爬的生命力。不同体块交织处的缝隙成为天光的采光口，光线倾泻而下，直击人心。

同样擅长运用动态几何的设计大师还有被称为“曲线之王”的扎哈·哈迪德。她早年在贝鲁特攻读数学，后来才到伦敦的建筑联盟学院转学建筑学。她彻底解构了传统的建筑美学标准，挣脱了重力的羁绊。参数化的曲面，肆意张扬的曲线，把数学之美展现得淋漓尽致。

扎哈·哈迪德设计的北京大兴国际机场，从外形看宛如一只展翅高飞的凤凰。而从几何数学上看，它的结构属于几何中的黎曼叶状结构（叶状结构是将曲面分解成一组曲线，每根曲线被视为一片叶子，叶子层叠在一起构成设计的曲面）。哈迪德通过精密的数学计算，发现“六芒星”的结构最能使机场内部钢架稳定。而大兴机场内部空间，可以通过几何中拓扑的突破，让曲面形成纽结，让空间的三维度紧密糅合，表达出生动而富有张力的美感。

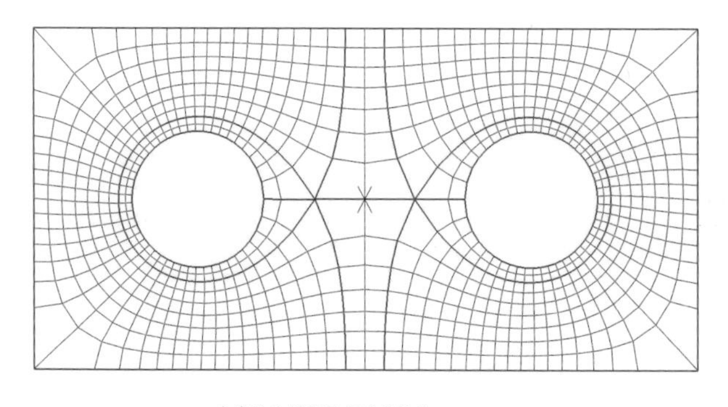

中度为 6 的奇异点叶状结构

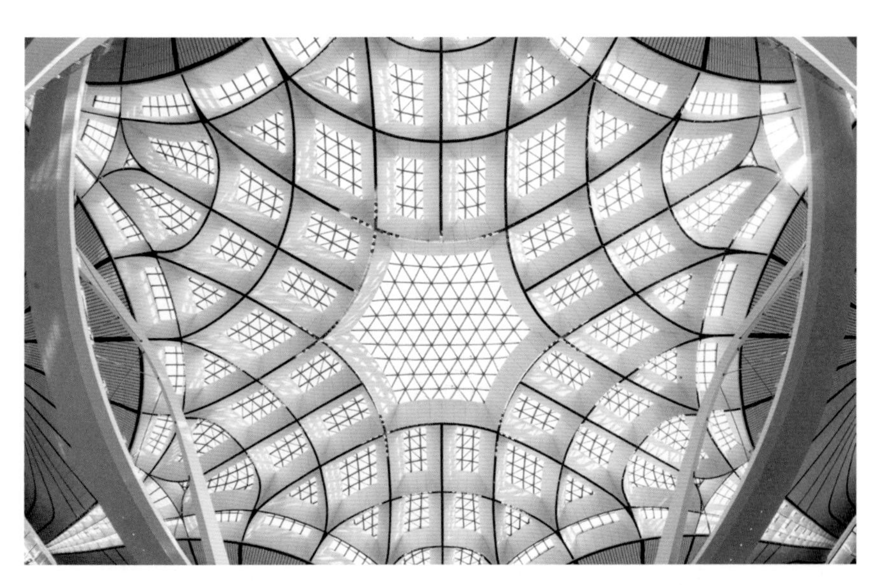

北京大兴国际机场内部仰望穹顶结构

除了核心区和五指形廊道组成的凤凰展翅航站楼外观，建筑内部的 8 根 C 形柱也是一大特色。一方面，这种单侧开放、顶部开口的倒锥形形式支撑起了投影面积达 18 万平方米、重量超过 3 万吨的屋顶，用一种流动的姿态从屋顶自然延伸到地面；另一方面，单侧 C 形开口还为室内提供了充足的光源，白天基本上不需要太多的人工照明。

大兴机场是将动态几何和建筑的结合体现到极致的作品，不仅由于哈迪德极富创造性的设计、奇特又迷人的曲线结构让静置在空间中的几何体块“动”了起来；还因为数学和建筑艺术的结合增加了美学价值，让现代建筑冲出建筑学的边界，创造出无限的可能性。

未来城市的建筑必将是更加动态和多样化的，而几何学的延展与深入也必将为未来建筑注入更多新的生命和力量，创造出永恒的流动感。

5 为什么会有微积分

我在构思这本书的时候，一直在思索设计的难点在哪里，以及进行设计构思的原点在哪里。简单的整体里面孕育最初的想法，就像路易斯·康所说的，“什么是学校？大树底下交流思想的几个人而已”。最初方向的设定是最难的，后面的努力不过是1之后的无穷个0，并不是最重要的。原始的基因密码往往是最重要的。

数与形对于建筑室内设计的影响，最关键的是要认识到微积分的力量。在变与不变、有限与无限、曲线与直线之间，寻找到一种类似于微积分的逻辑。通过微积分的逻辑来探寻事物背后更具概括性的规律。要找到这个规律，需要借鉴导函数的概念，通过降维或升维的方式，找到表象和内在规律之间的联系。微积分还包含了许多最优化的法则，将其运用到设计中去，可以找到自然界中已存在的迭代和最优化逻辑，并创造一种面向未来的构筑物。因此，可以把建筑学转换成仿生学的一个方向，从而体现以数学为主线的美的自然法则。

我希望所有的东西都是澄明的，由自然界的内在法则来确定每一步，而不会出现由人的意识所决定的不自然不客观的法则。

数学其实有两个境界。第一个境界是从自然界中抽象出数学，再投影到现实社会中去，由此让数学产生意义。这是一种类比的意义，也是一种比较直观的意义。我觉得这是一个可以让数学产生作用的方法。

第二个境界是数学本身就是一种证明思维，数学推理是一种很高级的手段，由数学自身的内在原理与原理之间的推导，而产生一个新的原理。这是数学或微积分可以真正给予我们帮助的地方。

数学从它本身的原理和现象上，能够对我们的建筑室内设计产生哪些参考性的借鉴作用呢？我把它们归纳成以下几个方面：第一，几何关系；第二，逻辑关系；第三，微积分的意义。微积分是曲线的变化之美、动量的变化之美，是所有变化之美的浓缩。这些关系都可以用到设计中去，而且具有非常大的运用空间。

先来谈一谈几何关系。几何有平衡、相似、重复、变化等诸多特点，早期的艺术家和工匠们都已经从中发现了许多美的要素，不同类型的建筑作品都已体现了几何美，这是早期数学对设计的影响。其次，在本书中经常提及的另一种抽象的美是微积分的美，这是一种代数的逻辑，是一种数量上的逻辑，它已经失去了形的支撑了，更加抽象，这一点是和几何关系截然不同的。那么这一点到底会对设计产生什么样的帮助?

“直线是属于人类的，曲线是属于上帝的。”安东尼奥·高迪说。人类用直线进行创作，这是源于古时候自然工具和技术的匮乏；而现代人用曲线进行创作。在巴塞罗那参观高迪设计的圣家族大教堂之后，我发现直线与曲线的区别就是过去与未来的区别。我在之前的设计中一直盯着直线，总觉得从直线中能够找到一些更新更有趣的规律。后来发现微积分才是更好的工具和手段。曲线的一阶函数可以是直线也可以是曲线，所以讲清楚曲线之变，用好曲线之变，可能是提升设计的好方法。

1. 高迪如何探索曲线之美

曲线的一阶导函数可能是直线，也可能是曲线，所以曲线较直线更复杂一点。直线更简洁，它可能是曲线的一次导数，也可能是曲线的一种归纳。所以我们为什么不将曲线之美运用到实际设计中去? 这样肯定会和微积分的思想产生更多的碰撞。

高迪设计的圣家族大教堂的结构中用到了很多曲线和曲面。高迪用了一个倒挂的模型悬挂重物，来模拟分析教堂的结构受力状况，分析剖面上曲线的产生和曲线的受力变化情况。实际上高迪是用了微积分的思想，用有限的受力点来模拟整体的、无数的、均质的受力状况。

高迪在落后的技术条件下，采用了一个和阿基米德求算曲线图形面积一样智慧的方法，来进行圣家族大教堂的结构设计。他将受力从受压变成受拉，把所有的建筑结构模型颠倒 180° ，把沙袋吊在结构模型上面，利用地球引力来分析它的结构产生的形变，用这种方法来分析和设计他的复杂的圣家族大教堂的曲线造型。在没有计算机和先进的结构计算软件的情形下，他非常智慧地用了一个非常直观的方法解决了复杂的结构计算问题，就像阿基米德采用了图形类比分析的方法来解决微积分才能解决的复杂问题一样。人类的智慧在洞见上都是一样的。

圣家族大教堂内部如森林般的树状结构柱布满了整座教堂，这种柱体是高迪在建筑领域革命性的设计之一。它们可以在没有扶壁的情况下支撑起整座建筑并承担一定的重量，这是高迪在多年研究中根据建筑本身形态同时借鉴了一定的自然形态所衍生出的想法。这些立柱在一定的高度会有开叉的分支，承接了双曲线式的拱顶结构，特殊的拱顶结构能够让光源更自然地分布在建筑中，赋予这座教堂建筑沉静的氛围，也更符合其灵修的功能性。

高迪在多个层面上让建筑与自然相靠近：形状上与自然物相似、尺寸上与自然物相仿、由功能决定形式、结构上对动植物身体的模仿、对自然原材料的偏爱、对有机几何（曲线和曲面）的坚持，以及对自然物的直接使用。

18 世纪末期，“曲面”在几何学意义上得到研究与命名；一个世纪后，高迪不断地探索曲线和曲面在建筑中的应用，成为将曲面几何大量运用到建筑中的先锋。在曲面几何的帮助下，高迪建筑的轮廓得以在自由地模拟自然中的曲线和不规则形态的同时，保证力学结构上的稳定性。

新哥特式建筑除明显的外部特征外，比较重要的结构之一是它的拱顶 (vault)，它不同于一般的拱形 (arch)。新哥特拱顶的设计者认为三维结构在二维图纸上得不到较完整的呈现。在高迪用立体垂吊模型进行建筑拱顶的设计之前，传统的拱顶建筑设计程序都是先设计拱顶的风格和形状，再通过图纸来计算其稳定性。而在高迪的方法中，垂吊模型先通过链条搭建骨架，继而垂挂沙袋以计算可承受重力，在此期间，建筑师反复计算、调整链条和沙袋的比例，来获得让人满意的形状。之后，高迪及其助手通过摄影或速写记录下模型呈现的空间结构，而将摄影相片和速写上下颠倒，就可以得到建筑物的形状。在没有计算机与设计软件的时代里，人类的智慧一样可以超水平地解决问题，在重力的帮助下推断出建筑物的最终静止形态，这一立体垂吊模型方法也因而被称作“设计机器”。

分析高迪的建筑设计手法，可以看出他在和包豪斯倡导的批量生产和标准化准则唱反调。他坚信每个独立的建筑元素都应该符合整体逻辑，是丰满而具有装饰效果的。他永远在打破常规，远离平庸。圣家族大教堂纤细的石柱支撑着巨大的拱形天幕，石柱在空中分叉，呈树枝状，加大了结构承重的难度。在高迪看来，常规的结构计算方式已经无法满足其充满激情的设计需求。因此，他采用了疯狂而恣意的设计手段，将所有矛盾因素融为一体，并贴附在双曲线静力结构框架之上。

巴塞罗那圣家族大教堂

圣家族大教堂结构受力模拟

这种非凡的设计技巧，使得高迪的建筑作品充满了动感、活力和艺术魅力。

高迪的建筑作品不仅在形式上具有疯狂、有机的特点，而且在理念上也充分体现了有机主义思想。他将自然主义与功能主义完美结合，将细节处理得非常精致，使得每一个细节都呼之欲出，同时充满了深层次的内涵。

密斯·凡德罗说：“上帝在于细节之中。”高迪在疯狂恣意中依然能把控细节，在感性中坚持理性，故而他的设计总能让人回味无穷。

2. 当代建筑如何探索曲线之美

世界知名建筑大师扎哈·哈迪德曾说：“没有曲线就没有未来。”科学的进步经常来源于跨学科的交流。建筑学在人类探索未来的过程中从来不是滞后的学科，当代建筑师在探索未来设计方向的时候，都会充分运用当代的前沿技术。这里其实有一个专业术语能概括这种未来设计的方向性趋势，即“非线性”。我们可以把非线性设计的建筑理解为不是以纯直线或折线为设计元素的建筑。而不论是线性还是非线性设计，设计又都可以分为两种，一种是利用 Grasshopper 或 Python 等软件为技术实现的参数化建筑设计；另一种是利用 Maya、犀牛等软件实现的非参数化建筑设计。非线性设计通常包含曲面或曲线，是否参数化取决于设计中是否利用代码或者数学来控制设计形态。从 Python 语言编写的设计成果中，我们可以看出这些小方块并不是杂乱无章的，而是通过调节代码中的参数来实现形态上的变化与控制。

随着当今 3D 绘图技术和计算机辅助设计能力的逐渐提高，当代建筑中越来越多地呈现出引人注目的自由形式。纵观整个建筑发展史，曲面空间的运用其实早已出现，比如古罗马建筑的弯曲立面以及表现主义建筑的圆顶。弯曲的形式具有流动性，并且受自然影响，因此易于融合到周围的景观中。随着现代主义和解构主义的出现，越来越多的建筑师开始尝试运用曲线，因此曲面空间的设计在现代建筑中发挥了重要作用。同时，这种柔和而流畅的形态设计也成了现代建筑设计中的一个热门方向。如何将曲面空间的美感和功能在建筑设计中发挥到极致呢？下面通过分析几个典型建筑的曲面设计，让我们一起探索曲面空间的设计要点。

曲面设计可以模仿大自然的形状。这一手法通常旨在减轻建筑物的影响，帮助结构融入周围环境中。因此，曲面运用在水体、山区附近特别有效。曲线是从自然之美中获得灵感的。它还与人体形态有关，有一种从某一空间流向另一空间的感觉。这可以算是一种微妙的引导，无意识地将人们的视线吸引到不同的空间中去。当代的曲面运用主要是为了打破直线建筑与环境的隔阂，通过柔和的曲线来过渡空间。这是对于曲面流动性优势的充分发挥。其实我们还可以从其他很多方面来体现曲面空间独特的魅力，比如结构的内涵、对比、交互和功能等。

曲面令人感到安慰和舒缓，它们为建筑领域的结构表现主义铺平了道路。在我们城市空间中有太多直线形状的建筑造型，这无疑是单调的，曲面恰恰能填补这种单调性。

扎哈·哈迪德因其设计作品的流畅造型而被称为“曲线女王”。她在有生之年非常努力地建立了关于建筑的新思维方式，解放了建筑师的传统想法，为年轻一代提供了对建筑的更多思考。她的设计往往运用大量的曲线和曲面，推动了解构主义在整个世界的蔓延。

MAD 建筑事务所的创始人马岩松设计的哈尔滨大剧院，被认为是“建筑与景观的连续编织，模糊了建筑、公共空间与城市景观之间的界限，并基于东方的自然主义哲学提出了对未来的展望”。该项目超越了传统的直线型大都会地标特征，通过独特的建筑形体设计提出了一种新型的建筑哲学。哈尔滨大剧院坐落于河畔湿地，周边由具有祖国北疆特色的自然风光与地貌组成，整个建筑仿佛从湿地中破冰而出，又宛如雪山般连绵起伏，呼应了北国冰封的地貌，成为大地景观的一部分。

哈尔滨大剧院的建筑外立面远远看去具有一种模拟呼吸的动态感。整个建筑的外立面是可以供人攀爬的地景建筑，游人可以沿着外墙的起伏登上大剧院屋面，不必进入内部就可以与大剧院进行互动。整个玻璃幕墙的巧妙设计模糊了室内室外的界限，利用自然光线打造了一个具有丰富变化的室内空间场景。整个建筑的室内采用 GRG 材料制作，打造具有自然形状的双曲面造型，尤其采用了大曲率的自然曲面，使得整个建筑的形态具有波光粼粼的梦幻般的感觉，通过曲线的流动性来实现动态效果，完成了建筑、人和环境之间的互动关系。

哈尔滨大剧院是曲面建筑应用上的一个非常好的案例。项目是以一个整体构思理念出发的，用曲面将各个部分串联起来，形成了一系列完整和有变化的室内外空间。以自然主义的精神所形成的曲面空间，来阐释人与自然和谐相处的设计理念。

曲面设计，能使建筑更具未来感，似乎也预示着未来建筑的发展方向。但要具体实现曲面建筑设计还是有很大的技术难度。尽管曲面创建了一些更柔和的空间效果，但它们的设计仍然具有挑战性。随着对优美曲线的建筑形式的需求增加，

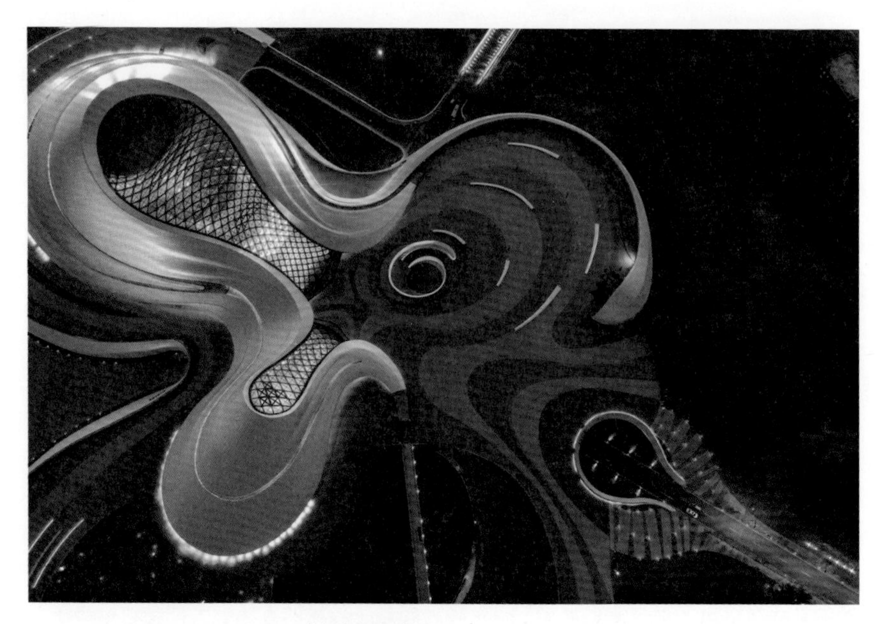

哈尔滨大剧院外观

研究如何有效地制造建筑曲面也成了众多建筑设计公司长期以来的目标，如何用一种新颖且经济高效的方式来制造曲面，也成为摆在设计师面前的一道难题。更多的设计对于建筑可持续发展的实践性的追求，预示着建筑的未来趋势。所以，曲面空间的设计方向有着很多可以挖掘的潜力。比如利用曲面实现风能的聚集、降低冷负荷等这些更偏向生态建筑的设计，也是一个很好的方向。在接触创新设计的同时，需要更多的发散思维。曲面之所以受到推崇，是因为无论当今的建筑如何发展，自然形成的形状总会在未来的建筑中扮演重要角色。上述的案例除了强调曲面带来的自然融合之外，也尝试着从功能和定义出发，探索曲面可以带来的更惊艳的效果。在设计曲面空间的时候需要注意的是，不应该只为了追求酷炫的外观，而应该根据科学合理的结构逻辑的运用，达到结构受力的逻辑美和造型的视觉美合而为一的效果，实现建筑功能和美学相统一的价值观。

巴西最负盛名的当代建筑大师奥斯卡·尼迈耶，是被国际公认的以现代主义设计改变了许多城市的景观的建筑师。他终其一生寻求线条带来的美感，将艺术融入建筑，从而创造出自由而富有动态的“混凝土曲线美学”。尼迈耶说：“曲线才是宇宙的真谛。”

6

微积分是上帝的语言

数学是人类构想出的宏伟建筑，
有了它，我们就能领悟宇宙。
——勒·柯布西耶

费曼说："微积分是上帝的语言。"一个最初只与形状有关的理论最后又是如何重塑了文明？宇宙是高度数字化的。一个神秘且不可思议的事实是我们的宇宙遵循的自然律，最终总能用微积分的语言和微分方程式的方式表达出来。人类在不经意间发现了这种奇特的语言，它先是隐藏在几何的某个隐秘的角落里，后来人类在宇宙的密码中证实了它的存在。

微积分尽管看上去只是随机变换符号的位置，但实际上它是在构建逻辑推理的长链，随机变换符号的位置是有效简化的一种手段，同时它也是构建人脑无法处理的复杂论证过程中的一个简便的方式。

微积分是由符号和逻辑的想象空间所组成的一个思考工具，它是解决人类所面临的诸多困难和问题的一个有效的工具。自然是由力和现象组成的现实领域，微积分的逻辑能够将现实巧妙地转化成符号，我们可以利用这些符号实现由现实世界中的一个真理生成另一个真理，即输入一个真理就能导出另外一个真理，这样就能更进一步地了解自然内在规律。

微积分的法则之一，是把复杂的问题分解成多个简单的部分。它真正了不起的地方就是能把分而治之的策略发挥到极致，也就是无穷的程度。然后通过重新整合，把原问题想象成一个由无穷多个简单部分组成的另外一个整体，简化处理之。

微积分的第二个法则也是最原始的处理手段，就是通过无穷的方法来解决曲线之谜、运动之谜以及变化之谜。

微积分背后最伟大的思想就是在无穷远处，一切都变得更简单了。无穷的魅力也在于无穷的远处，一切都变得更加简单且美好了。

微积分的法则之三是微积分是在研究几何形状的时候将力和其他的运动法则结合在一起。有时候它用几何来诠释力学，有时候它用力学的原理来理解几何学，在一个交叉混合的策略之中，以巧妙的方法解决了自然之谜和曲线之谜。

圆就是一个非常有趣的例子。圆其实体现的是没有变化的变化，它既是所有变化的源泉，看上去又好像与变化无关。

圆周率就有一些相互矛盾的属性。一方面圆周率代表着秩序，代表着稳定的变化，这主要反映在圆的形状上面。另一方面圆周率又是无序的，是神秘莫测的。有序和无序结合在一起，统一在圆这个神秘的图形中。

1. 阿基米德抛物线
求积法中的智慧

两千多年前的阿基米德，这位智者、创新者把数学和物理学巧妙地融为一体，解决了曲线之谜。

阿基米德发现了抛物线求积法。抛物线弓形面积指的是抛物线和一条斜截抛物线的直线所围合成的曲形面积，这个曲形的面积怎么求？阿基米德推了一条抛物线弓形的斜截直线的平行线，到抛物线的顶端，形成一个切点。然后他把切点和横截抛物线与抛物线相交的两点连成一个三角形。他把这个三角形的面积定义为 1。然后在剩下的两个抛物线曲面中又做了两段与底边平行的切线，证明了这两个三角形的面积是上一级三角形面积的 1/8。这样的话他可以通过层层叠进的方式，把整个的抛物线弓形面积叠加起来，抛物线弓形面积由无穷多个三角形叠

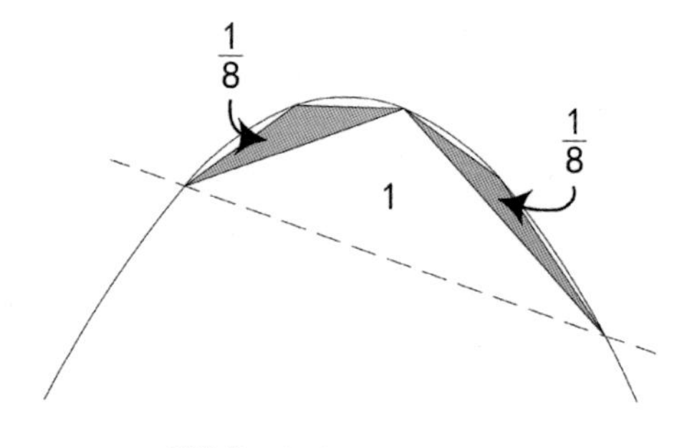

求抛物线弓形面积

加而成。

最后他得到了一个抛物线弓形的面积公式：S=1+1/4+1/16+1/64……一直到无穷。这是一个无穷的几何数列，然后他把数列两边乘以 4，就得到了这么一个公式：4S=4+4×(1+1/4+1/16+1/64……)。就是说抛物线弓形的面积是大三角形面积的 4/3。

在这里阿基米德巧妙地运用了无穷这一手段，通过三角形面积的无穷的演绎，得出弓形面积，其中每个三角形与上一个三角形都产生了一个几何级数的关系，然后通过几何级数的变化，求出了最终整个的面积，得出抛物线弓形面积就等于初始三角形面积的 4/3 这么一个固定的比例。这是微积分最初将早期几何形转换为数列，最后得出整体结果的一个巧妙案例。

阿基米德在用无穷数列解决抛物线弓形面积问题之后，又运用平衡力学的方法推导出了同样的结果。

他的方法是利用抛物线中心对称轴的关系，从抛物线和横截直线的交点 C 点出发做一条切线，然后通过另一交点 A 点做一条平行于中心轴的直线，两条线相交于 D 点，形成三角形 ACD。然后从 C 点出发做一条经 AD 线段中点 F 的延长线，长度两倍于线段 CF，另一端点为 S 点。然后阿基米德把弓形上所有的平行于对称轴的线叠加到 S 点，证明了三角形 ACD 的重心在 CF 上，且到 F 点的距离是线段 CF 的 1/3。这是一种绝妙的洞见，他一定对自然有着很敏锐的感觉。

把所有的弓形抛物面上的质量放在 S 点上能够和弓形外切三角形形成比例上的平衡，这样的话就能推导出两个原理。

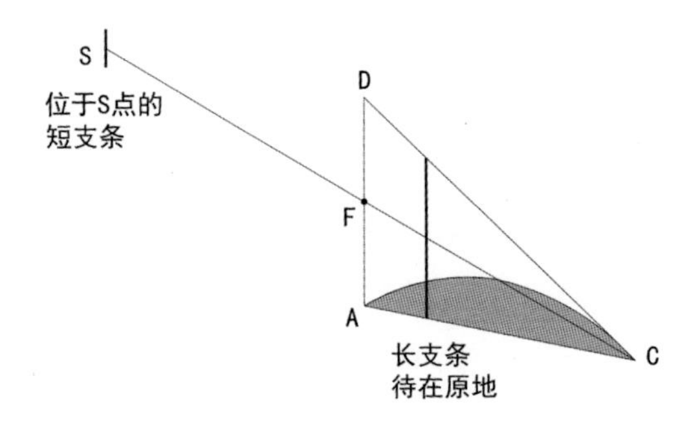

(a)

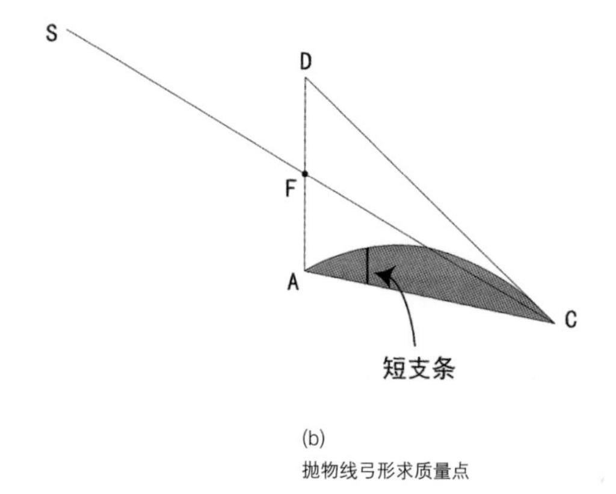

(b)
抛物线弓形求质量点

第一，抛物线弓形的重心在抛物面弓形的外切三角形ACD中线的1/3处。第二，它可以证明三角形 ACD 的面积和弓形抛物面的面积是 4 ： 1 的关系。这是利用了外切三角形 ACD 的质量到支点的距离是弓形抛物线的质量到支点的距离的 1/3 这个关系，由于杠杆原理，为了达到平衡，弓形抛物面的质量必须是外切三角形 ACD 质量的 1/3。同时弓形抛物面的面积也是外切三角形 ACD 的面积的 1/3。而外切三角形 ACD 的面积又是弓形的内接三角形面积的 4 倍。由此阿基米德推导出弓形剖面的面积必定是内接三角形面积的 4/3。

通过对三角形的无穷级数求和所得到的结果，与通过力学平衡这一微分方法得到的结果是一致的。

阿基米德是第一个有原则地利用无穷的手段去量化曲线面积的几何特征的人，这一点直到今天都是无可匹敌的。在这之后他又发现了球体的体积是与球体相切的圆柱体积的 2/3 以及球体的表面积是圆柱体和球体相切的圆柱体的表面积的 2/3 这两个规律。总之他发现了隐藏在自然界中的一些不被人知晓的秘密。

阿基米德说，这些特性一直是图形与生俱来的特征，只是当时的人们还不知道而已。在这里他表达了一个所有科学研究者都非常重视的哲学问题，那就是我们所发现的规律，此前一直在那里等着我们。数学、哲学以及自然科学的研究者，他们自始至终都是在揭示事物所固有的属性，而非去发明和创造。

阿基米德用杠杆定理和静力学平衡的手段，揭示了微积分求曲面面积的巧妙方法，他展示了如何用平衡与力学的原理来建构解决问题的方法。不过，这些定理都是用于静止状态的图形的。一千八百年以后的开普勒将几何学提升到更高的高度——“与神的思想同在”的高度。

2. 开普勒的图形和数学

开普勒第一定律，也被称为椭圆定律、轨道定律。开普勒的一个伟大发现是所有行星都在椭圆形轨道上运行，这验证了开普勒一直渴望证实的神圣的想法——行星都是按照几何学原理运行的，几何学统治着天空。

开普勒第二定律是相同的时间里行星绕过相同的面积。开普勒第二定律说明行星并非以恒定的速度在运行，离太阳的距离与运行速度成反比，离太阳越近，它们运行的速度就越快。这个结论更精确的陈述是，在相等的时间内每一行星的矢径扫过的面积相等。

考虑到椭圆形轨道的不规则性，开普勒是如何测出它们的面积的呢？他采用的就是阿基米德的方法。

开普勒第三定律是行星公转周期的平方（T^2）与该行星到太阳的平均距离的立方（a^3）成正比，而且对所有行星而言，a^3 和 T^2 的比值都是相同的。

开普勒找到了整个太阳系与数学规律相契合的点。开普勒就像毕达哥拉斯思想的继承者，富有洞察力和想象力，能够把握和挖掘事物背后的规律。开普勒最伟大的地方在于把形和数联系在了一起。在开普勒的基础上，牛顿发现了天体运行的方程式，引入了时间这一因素，使行星的位置变成了时间的函数。

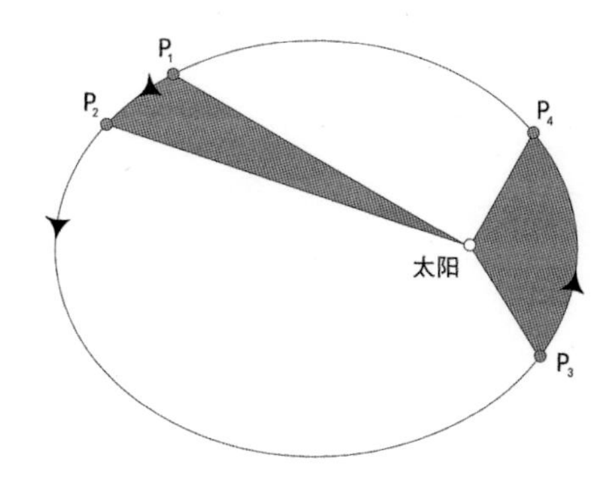

行星绕太阳轨道运行

7

微积分导数反映事物的变化趋势

数学从自然中汲取了许多灵感，但人类的想象力也在其中发挥了重要的作用。数学就像一页一页复杂的求和运算，与美似乎没有太大的关系。其实，数学的美不在于它的符号，而在于它的思想。数学的美似乎有两种，一种是逻辑美，另一种是视觉美。数学与美的关系是真实的，但似乎也很难琢磨，我们不可能去发明一种叫“美丽的微积分”的东西。

数的变化里隐藏着一个变化率的概念。变化率实际上是可以用导数来表示的，这在我们高中学数学的时候就已经学过。这一切看似简单，实际上蕴含着非常丰富的道理。导数可以用来追求函数的极值。

在求一个曲线斜率的时候，就会用到导数。运用导数这个概念我们还可以解决最优化选址、用料最节省、效率最高等问题。导数还可以涉及时间的变化率、空间的变化率里最大值和最小值。用函数描述的变化会渗透到工程的各个领域，而导数是研究函数的一个非常重要的工具。

在数与形之间，我们可以感受到导数作为一个数学的工具，它有着非常强大的魅力。它可以给我们找到一个思想的延伸点，产生更有生命力的思考。导数里其实蕴含着极限的思想，它从无限的变化里面找到有限的值，就像函数曲线的切线一直在变化，只有在某一个点的时候，它能够形成一个明确的值。

通过极限的概念而产生的导数，也能够做出一个函数图形，函数图形上的每一个交叉点，就是我们在整个变化中要寻找的每一个极值，通过它可以使原本复杂的问题简单化，也可以在问题简单化以后，更好地解决问题，这就是极限概念下导数所蕴含的意义。

函数实际上就是把几何的问题转换成一个变量的代数。函数图像中形态的变化让我们能借用几何图形的直观，从它趋向的极限来找到动态变化的本质，而导数是寻求极限的一种工具。导数里面的 0 是非常重要的，我们在某个时候通过使导数变成 0，而让导数更有意义。函数图像中的切线反映的是函数的导数。

微积分的导数，实际上反映的是函数在某一点的瞬间变化率，它也可以被理解为函数图像中在局部范围内用切线来代替它的实际曲线。很早的时候，牛顿就把距离在单位时间内的瞬间变化，用导数的方式表达出来，即速度。有了速度这个概念，人类就找到了描述动态位移的方法。这也是在自然界中很早就存在的一个概念，而人类通过自己的思考把这个概念发掘出来。

伽利略发现了加速度这个概念，他知道加速度与时间的平方成正比，他通过一些公式的运算揭示了很多道理。从深层次角度来讲，大自然的秘密就隐藏在变化率这一概念里面。变化率实际上是可以用导数来表示的。宇宙中始终存在着导数这么一个变化率的概念，而人类通过数学把它揭示出来，人类仿佛猜测到了大自然的心思。

此外，我们可以用导数的原理来寻找表面之下的规律，通过降维处理的方法，来找到解决问题的关键"钥匙"。我们在设计过程中也常常通过分析的方法，找到问题的关键点来解决问题。导数的作用也可以理解为寻找表象之下的法则。你可以通过一种设计语言或者一种设计方法，来超越表象问题并解决之。地图就是一个非常典型的降维的结果，因为在地图上我们不关心高度，不关心海拔，把三维的地球信息变成了二维的地图显示。所有复杂的事物其实都可以采用这种降维的方法，将无限降低为有限来进行处理。所以我们在设计中，用这种策略就能够使复杂的问题简单化，也就是我们在说导数的概念时提到的，利用某一瞬间的导数趋于 0 或者趋于极端的状态，来分析函数真实而又特殊的一面。

比在投标的时候，我们可能会建立变化函数，用导数的计算法得出我们在这个项目中的最佳投标值。我们也可以通过导数的方法，来用最少的材料生成一个空间，计算出最少用材下的这个空间的结构形态。例如一个室内空间的采光中庭，一年春夏秋冬、一天 24 小时，太阳在中庭里面洒下的天光都是不一样的。通过导数的方法，我们能够了解到天光在整个空间中的变化以及它的极值，这一切都和室内设计有关系。让整个变化过程中的每一个瞬间都能够被捕捉到，同时可以找到所有瞬间中的极值，这对设计来说是极有帮助的。

当然导数还能够发现某一些极端的状态，比如当结构的受力达到破坏极限时。导数能分析每一种事物的最优点和最不利点，同时也能够发现所有变化的临界点。

凡事预则立，不预则废，如果能够找到事物变化趋势的转化点，这样在做任何事情时，都能够游刃有余。微积分的描述法和我们后面所说的最小作用量原理，以及在结构分析中用到的有限元分析法，其实都是一种降维的方法，即将复杂的东西降低一个维度，从而在更简单的层面上解决问题。这与微积分的思路是相同的，即化整为零，通过将复杂问题简单化的方法，运用无穷的手段来逐一解决问题。

导数的降维处理思路和我们后面谈要到的一些建筑设计中运用数学方法去捕捉自然之力的思路也是有关联的。

随着计算机技术的大量普及和应用，我们的计算能力得到了极大提升。通过设计正确地捕捉自然中看不见的力量传递，可以形成设计之美。借助计算机技术，我们能够将大自然的形态与建筑形态联系起来，在精确捕捉大自然力量的流动感的基础上，将其应用于我们的建筑设计中。

8

最小作用量原理和宇宙的智慧

把微积分作为逻辑的引擎，是我想要表达的一个观点。这里的微积分是指每一个微小的变化的累积或可能性的总和；逻辑的引擎，是指在所有的变化中寻找最优或是最佳的选择，以符合内部力学或形态原则，同时符合自然逻辑关系。这个原则就是哈密顿原理，也被称为终极自然原则。它是宇宙的主要动力，也是微积分数学中的重要思想之一，可以通过推导证明。

在牛顿之前，费马是第一个将微积分作为逻辑引擎，从深层次的法则中推导出自然律的人。他将自然律翻译成微积分的语言，输入一个定理就能输出另外一个定理。

这个故事得从 1637 年开始说起，那年，费马对笛卡尔出版的光学论著中提到的一个关于光从空气中进入水或者玻璃时会发生弯曲的理论，即折射效应进行了思考。费马认为折射现象都遵守一个简单的规则：当光线从光疏介质（如空气）进入光密介质（如水和玻璃）时，它会朝着两种介质界面的垂直方向弯曲；当光线从光密介质进入光疏介质时，它会朝着远离垂线的方向弯曲。费马提出了一个公式，即 sin a/sin b 的值始终保持不变。

sin a/sin b 的值到底取决于什么呢？它取决于这两种材质的密度。费马猜测光总是沿着两点之间阻力最小的路径进行传播，换而言之，光会沿着最快的路径前进，也就是最短时间原理。光为什么会在均匀的介质中沿直线传播？这也反映了光走最短捷径的原理。

费马推动了现代微积分的诞生，他的最短时间原理揭示了最优化是深深嵌在大自然结构中的深层逻辑。

牛顿提出速度随着时间变化会影响路程的理论，他将面积作为路程的度量，并把时间引入几何学中。通过物理学的视角审视时间，牛顿认为速度、面积和距离之间存在相互关系，这个关系基于一阶导数（速度）和二阶导数（加速度）的概念建立。他进一步挖掘了深藏在事物数量关系里的宇宙规律。

最简单的例子是自由落体运动。假定下落有无数种可能的方式，例如开始时落得慢些，然后逐渐加速；或者开始落得快一些，然后逐渐减速。由于作用量是动能减去势能，并对所有可能的下落方式做累加，所以显然作用量最小的下落方式满足以下条件：增加在高处待的时间，因为随着高度的增加，势能增加得更多，在高处停留的时间多可以减去更大的势能，从而减小作用量。因此，最优路径的下落方案是：先缓慢下落再加速下落。利用微积分可以很容易地证明最优路径具有如下性质：采用定常加速度由慢到快的下落是最优路径。

下面来解释一下哈密顿原理。我们先来考察一个简单的抛体运动：一个石子被向上抛起后，经过时间 T 回到地面，它的运动轨迹应该如何表示？高中数学课本已经为我们解答了这个问题，石子的位移关于时间的函数图像可以用下图的抛物线表示：

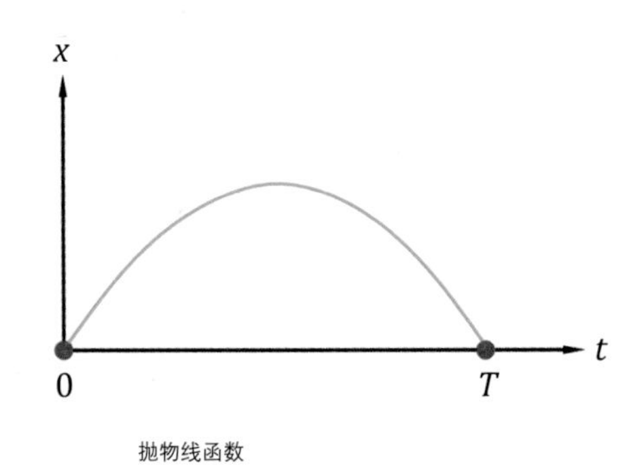

抛物线函数

根据高中物理知识，我们可以写出位移关于时间的函数关系：

$$x^{(t)}=\frac{1}{2}gt(T-t)$$

其中 g 是重力加速度。石子的运动轨迹是由牛顿运动定律支配的。石子的运动始终满足以下等式：

$$m\ddot{x}=-\frac{\partial V}{\partial x}$$

其中 $\ddot{x}$ 表示 x 方向的加速度，V指重力势能。

下面我们将用另一种方法解释石子沿这条路径运动的原因。我们假设石子不受牛顿定律的支配，沿着其他可能的路径运动，比下图中的蓝线和紫线。

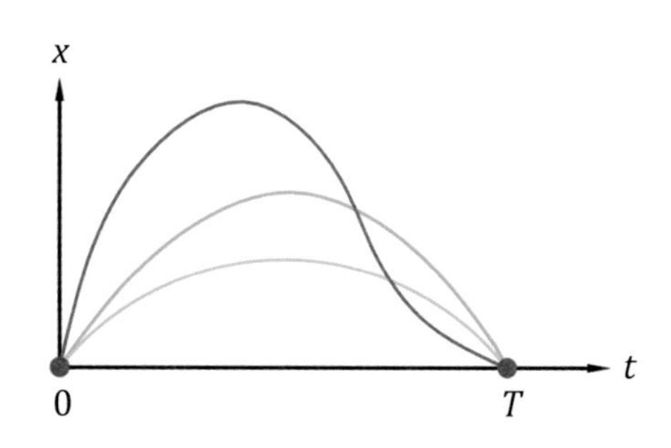

抛掷石子运动轨迹示意

任何满足边界条件的连续函数 $x(t)$ 即高度。对于每一条可能的路径，我们都可以根据某个规则计算出相应的实数，称为作用量，表示为 $S[x(t)]$ 。正确的路径就是那条作用量最小的路径，被称为最小作用量原理，也称哈密顿原理。作用量 S 是根据什么规则来计算的呢？利用积分的思想，整条路径的作用量即每一小段路径的作用量之和。由于每一段路径的作用量和路径的长度成正比，我们可以列出以下等式：

$$S[x(t)] = \sum \mathcal{L}\Delta t = \int_{t1}^{t2} \mathcal{L}dt$$

$$\mathcal{L} = \mathcal{L}(x，\dot{x}) = \mathcal{L}(x，v)$$

其中$\mathcal{L}$被称为拉格朗日量，也叫拉氏量，即作用量关于时间的导数。由于每一小段路径的长度可以用其横坐标长度和斜率来表示，因此 $\mathcal{L}$ 也是 x 和 $\dot{x}$ 的函数（ $\dot{x}$ 表示 x 的一阶导，即速度）。拉格朗日量与位移和速度之间到底有什么关系呢？我们首先给出一个拟设：$\mathcal{L}$ 等于动能减势能，即

$$\mathcal{L} = \mathcal{L}(x，\dot{x}) = T - V = \frac{1}{2}m\dot{x} - V(x)$$

回到哈密顿原理。当石子被抛起后，它的路径选择是一个关键问题。系统在外力的作用下发生的变形位移可以有无数种可能性，产生位移的边界条件也有无

穷多种，我们应该选择哪一种呢？——数学和物理知识告诉我们，应该选择总势能最小化时的位移方式。这种现象就是最小作用量原理，是一种大自然中普遍存在的原理。

光在任何介质中的传递都选择最短路径，最短路径和光在不同介质中的传递速度有关，这个发现是一个光学的里程碑。这个现象后来被费马用公式描述为$\delta L=\delta\int_A^B n(s)\,ds=0$，$n$是折射率，$ds$是光走过的一小段路径，这条发生折射的光路径其实就是最优化路径。费马由此得出结论，自然界总是通过最短的途径发生作用。拉格朗日很快就把费马的光折射原理推广到一般力学系统中，诞生了理论力学中的最小作用量原理。

最小作用量原理的发现具有巨大价值。首先，它影响了变分法的发展，甚至是变分法的发展动力；而变分法是一切连续优化方法的来源，例如现在优化基本工具的最优控制，就来源于变分法。其次，它统一了物理学基本定律的表达方式。1746 年莫佩尔蒂[1]在《从形而上学原理推导运动和静止定律》中进一步写道：

> 这就是最小作用量原理，上帝的一个如此明智且有价值的原则是所有自然现象所固有的……当自然界的一个变化发生时，这个变化所需要的作用量的值是所有可能中最小的那个，作用量的值是物质质量、速度和移动距离的乘积。

哈密顿原理的优势在于它将复杂的物理问题转化为数学问题，从而使得物体运动的描述变得简洁。不知道哈密顿原理就很难算是真正学过物理学，也无法理解最优化这个概念对人类认知所产生的本质性飞跃，更不能理解它对人类进步所起的作用。

对最小作用量原理中宇宙智慧的理解，我将在后面的几个案例里具体阐述。如何通过内在的生命力量，而不是建筑法规和标准来创造建筑的优美形态，这是我们想要在本书中寻找的理念内核。

通过描绘与模仿大自然以及生物的生命力，我们可以达到人与地貌、大自然与生物体之间的同构，消除之前严格限定的界限概念。现有的计算机技术可以更

1　莫佩尔蒂（Maupertuis，1698—1759），最小作用量原理之父，他沿着希罗、费马开辟的道路前进，正式提出自然界行为的简单性正是通过称为“作用”的量的最小化而展示出来的。

容易地把这些自然的思想和原理作为灵感纳入我们设计中，逐步协调对宇宙的理解和领悟，从而使得生物、自然和建筑最终产生一种协调而又统一的结果。这个思路和中国传统的“道法自然”思想非常相像，因为它将宇宙视为一个统一体。

微积分作为逻辑的引擎，为大自然的最小作用量原理提供了数学解释。同时，微积分也是大自然变化发展的主要动力之一。在微积分的框架下，我们可以更好地理解自然界中的规律和现象。通过微积分的求导和积分等运算，我们可以深入研究各种自然现象，并找到最简单、最优的解决方案。

比如雪花的排列问题，为什么雪花的形状是六边形的？实际上这和水分子的结构是有关的。冰就是结晶的水，它有很多种形态，最常见的是蜂窝六边形结构的晶格形，这也是水分子在温度变低接近零度的时候会收缩形成的形态。这个形态实际上也是它排列最密集的状态。这里又出现了一个“最”。

20 世纪有几位建筑研究者就这一问题进行了积极探索。弗雷 · 奥托 [1] 作为一位具有开创性的建筑师和工程师，他通过对生物形态的研究，以及对肥皂泡的研究，探索了材料、结构和形式与自然力之间的关系。奥托发现肥皂泡的张力结构可以运用到拉伸膜上，通过这种方法，他设计出了一些具有革新性的建筑结构方案。例如，他使用这个原理，设计了著名的慕尼黑奥林匹克体育场的屋顶结构。在设计过程中，他分析了模型受力状态与风荷载、雪荷载的关系，通过对屋面施加外力，并在一定范围内测量各部位承受力的最大值，最终优化了建筑结构方案，使得体育场具有更好地稳定性和抗风性能。这种科学的方法不仅为建筑设计提供了新的思路，也极大地促进了建筑结构的发展和进步。奥托既是一名建筑师，也是一名科学家，他致力探求事物最基本的规律和人类对世界最基本的认知。他通过大量看似潦草的手绘图来表达他的研究成果，这些图像包括小鸟在电线杆上的停留、土地干裂的纹理以及肥皂泡相互拥挤的图案等。这些简单的图像成为跨越语言和学科的通用工具。在计算机还未被普及的时代，大型计算工作的广泛运用仍然面临困难。奥托常常运用模型方法，对设计的建筑边界条件进行修改，以寻求最优解。比如，采用橡胶膜或皂膜，进行找形并求解最小曲面，以优化压力结构、张拉膜

1　弗雷 · 奥托（Frei Otto，1925—2015），德国建筑师和结构工程师，以其在轻型建筑和张拉结构上的突破性成就闻名于世。奥托在六十多年前所提出的轻型结构的研究，对今日的建筑设计仍有重要意义。

结构以及索网结构。将找形结果记录下来后，制作大量的模型，对结构最小曲面、传力路径、构件中应力状态以及自主构形进行研究。当模型处于相应的最佳空间条件时，就可以对其进行精确模拟。建筑最小化探索的过程，也是对材料本质的探索过程，不仅仅是经济层面上的考虑，而且注重充分利用材料特性与美学，遵循自然规律，优化建筑体量与用材，使其主题鲜明简洁。

同样在这方面富有研究的是美国建筑师理查德·巴克敏斯特·富勒[1]。作为一位充满创新精神的建筑师和工程师，他通过对六边形空间结构的研究，提出了基于二十面体组合而成的球体结构——富勒穹顶。这种结构能够实现体积、重量、材料效率以及占地面积、装配时间之间最优化的解决方案。

富勒花费大量时间探索新思想，并研究现实中思想之间的不常见联系。他自我描述为“一个完全的未来思想、科学设计的探险者”。富勒非常信任技术，他说：“通过技术，人们能够完成他们需要做的一切。”

1983 年，富勒在他 87 岁时去世。在其漫长的一生中，他论述了关于技术与人类生存的思想。他称这种思想为“Dymaxion”。

富勒解释“Dymaxion”这个词，意为用很少的能量做更多的事情的方法。他的每一项创作都遵循这种理念。他设计了一种 Dymaxion 车、一座 Dymaxion 房子和一张 Dymaxion 世界地图。然而，他最为著名的发明可能是“富勒球”。这种奇特的圆形建筑是使用许多直线型材料制作成的。

1967 年加拿大蒙特利尔世界博览会上的美国馆被富勒设计成一座 20 层高的高圆顶建筑，人们亲切地称之为“富勒球”。“富勒球”中蕴含的哲学理念的影响力则超越了建筑领域。富勒用六边形和少量五边形创造出了“宇宙中最有效率”的造型，这让三位化学家深受启发。他们假定含有 60 个碳原子的簇“C60”包含有 12 个五边形和 20 个六边形，每个角上有一个碳原子，这样的碳簇球与足球的形状相同。他们将这样的新碳球命名为“巴克敏斯特富勒烯”。随后，三位化学家从这个假设入手进行论证和实验，并最终凭借相关发现获得了 1996 年的诺贝尔化学奖。

1 理查德·巴克敏斯特·富勒（Richard Buckminster Fuller，1895—1983），美国结构大师，富有远见的发明家。他发明发展的 Dymaxion 思想、短线程穹顶、张拉整体概念、索穹顶等至今仍是结构工程研究的前沿。

通过这些建筑师们对自然形态和数学关系的研究，我们发现很多设计可以把自然作为形式和逻辑的来源。在这个过程中，可以通过数学规律或者方程式来寻找合理的构造学、类型学和建造方法，从而产生创新思路。

为什么说“把微积分作为逻辑的引擎”会对我们的建筑室内设计有帮助呢?首先，最小作用量原理是“大自然的心思”，也是产生美的原因之一。其次，美是第二性的，被优化了才能产生美的结果。最小作用量原理是用最简单的方法来解决问题，并且总是用最巧妙的方法直击问题的关键点。在建筑中，采用最小作用量原理来解决问题总能得到最优的结果，无论是在受力、材料还是空间组成等方面。

1. 古典建筑中的最小作用量原理

最初的万神庙是由屋大维的助手阿格里巴于公元前 27 年建造的，它是为了纪念屋大维打败安东尼和克利奥帕特拉而建。然而不幸的是，这座庙宇在公元 80 年遭遇大火而被焚毁了。直至公元 125 年，热爱建筑的古罗马皇帝哈德良下令重建，万神庙才得以重生，并成为罗马城内向所有神祈祷的庙宇，因此得名“万神庙”。

历史上的圆顶结构是一种优美的结构造型形态，它集结构美学、受力最优化、施工技术等多方面因素于一身。古代的万神庙就是这样一座具有代表性的建筑，它采用了半球形的受力结构，巧妙地运用了大自然中球壳受力的最小作用量原理。球的几何特性决定了它的受力结构可以把上面的结构重量，沿着切线方向不断往下传导至半球的直径处，并呈垂直于地面的方向，最终传递到地面上。在万神庙中，这个半球形的结构体系被用来作为支撑体系和装饰面的支撑体。因为水平方向面与垂直方向的墙面连成一个整体，也就是半球体，受力线在球壳内均匀地传递，所以结构厚度可以做得非常薄。相当于是运用了微积分的思维将直线转化为曲线，复杂的造型结构问题变成一个简单的半球受力结构。在当时的技术条件下，万神庙的设计极大地拓展了人们的想象力。此外，万神庙的内部吊顶采用了半圆球，同整个室内的氛围完美结合在一起。它不仅仅是一个结构的表面，更重要的是体现自身的功能需求和装饰要求。这样的设计和现代装修有异曲同工之妙。万神庙的设计完美地把这两个结构统一成一体，既符合受力原理，又满足了审美要求。

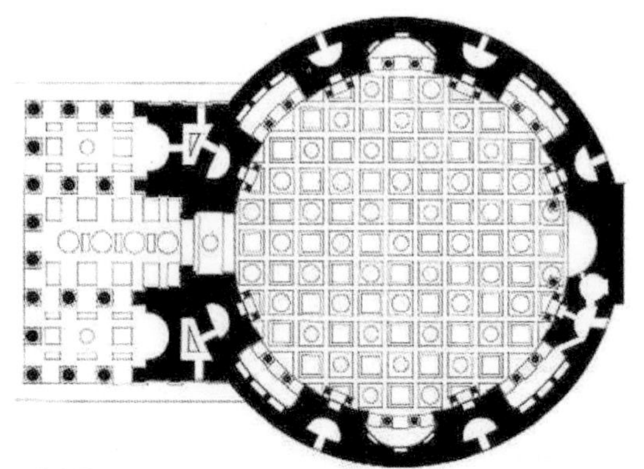

万神庙平面

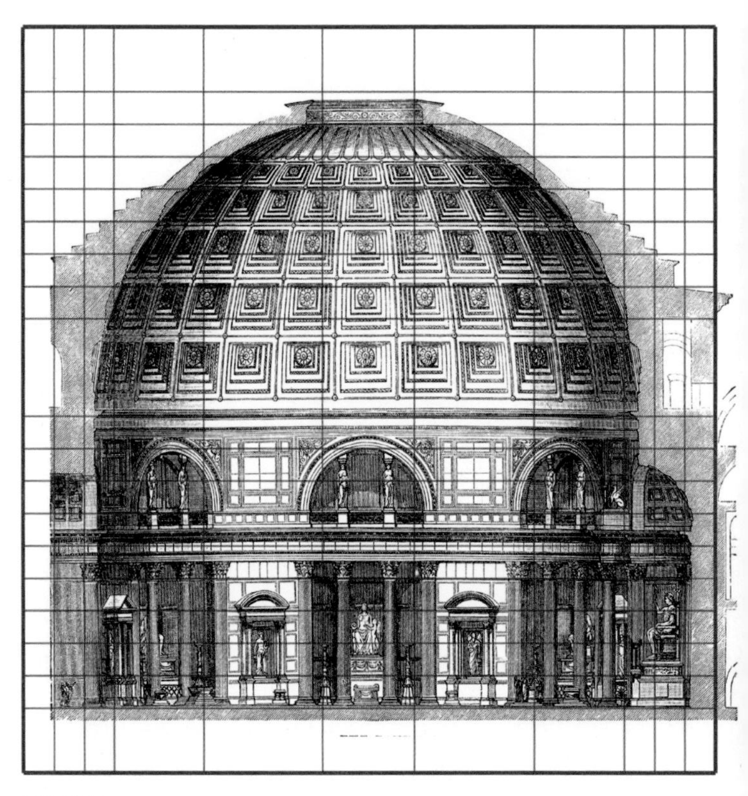

万神庙剖面

万神庙内部透视

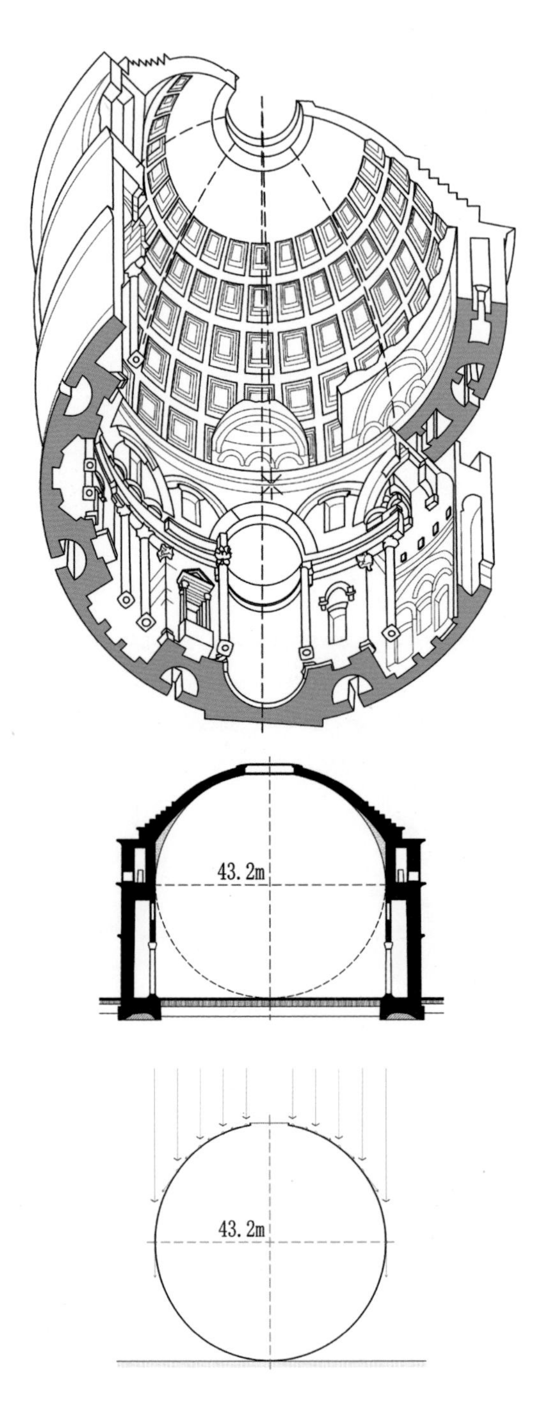

万神庙室内剖面

万神庙室内

万神庙天花

万神庙的半球的顶端，留出了一个圆洞，让阳光和风可以在其中自由地穿梭，既解决了采光问题又起到了自然通风的作用。建造43m高的挑空半球形室内空间，在两千多年前是非常高科技的体现。巨大的室内空间，给每一个到访的人一种心灵上的震撼。当光线从圆顶之上洒落下来，让人感到斗转星移，仿佛神在天上俯瞰着人间的一切，神性之感油然而生

2. 运用最小作用量原理的设计和微积分计算

实际上剖面圆形并非最合理的受力形式，因为在垂直方向上，重力会随着距离的增加而产生叠加的作用，使合力增加。最合理的支承结构形式应该接近抛物线形，最终可能形成一个悬链式结构。倒链线形与之极其相似，也是高迪用来分析圣家族大教堂结构的有力工具。因此，薄鸡蛋壳并不是设计师唯一的灵感来源，悬链线倒是非常重要的受力结构。

悬链线是一种曲线，指的是一条两端固定的，粗细与质量均匀、柔软且不能伸长的链条，在重力作用下所呈现出的曲线形状。例如，悬索桥就是一种利用悬链线原理建造的桥梁。适当选择坐标系后，悬链线的方程就是一个双曲余弦函数，其标准方程为：$y=a\times\cosh(x/a)$，其中 a 为曲线顶点到横坐标轴的距离。悬链线结构在受力方面效果最佳，因此被广泛应用于桥梁和建筑的设计中。除了悬链线，薄壳结构也为建筑带来了极大的灵感，自然界中的许多独特结构，如蜗牛壳、贝壳等，都为建筑提供了美学和装饰价值的灵感。

类似的结构还有很多。伦敦著名建筑事务所斯特因工作室（Steyn Studio）在南非建成的白色的开普敦新教堂（Bosjes Chapel），采用双曲线抛物面，外壳最薄处仅有 85mm，是一个自受力结构体。这种形式从仿生学原理中得到启发，诠释了整个建筑的美。因此，贝壳结构并不是建筑师最终的目标，灵感可能来自贝壳的优雅，但是实施时需要考虑这些壳体结构自身的受力逻辑，以及如何把它的美变成一个完美的复合载体。

卢姆神庙位于墨西哥图卢姆原始丛林保护区中心地带，雨林环境为前来参拜的人们提供了一个内省和安静反思的空间。神庙外缘采用五边形悬链结构形式，悬链结构符合最小作用量原理，在结构受力上表现出最佳效果。由竹子制成的双曲面墙壁和拱形拱顶在结构上相互依存，是具有象征意义的美学选择。五个花瓣形的结构拼成一个整体，其外侧面采用倒悬链型的结构，而到了中心相交处采用了抛物线形结构，倒悬链型的结构渐变到抛物线结构，这一渐变过程也衍生出结构的美感。特别有意思的是它的五个构件的交汇处采用了跟万神庙一样的圆洞处理，这可能是为了让结构在受力时通过一个圆环完美地交汇于中心，避免了采用直接交汇的形式而可能产生的施工误差。当微风掠过丛林树冠并穿过开放式结构时，光影斑驳，进一步增强了空间的空灵和宁静品质。

CO-LAB 设计事务所在设计这座神庙时使用参数化软件来设计结构，建立计算和数学模型以提供建筑商所需的结构三角形图案中所有精确连接点。神庙通过最外侧的悬链型结构过渡到中心处的抛物线结构，最后收敛到钢结构的圆环上。这种设计方式减少了钢材跟水泥的使用，使建筑更加环保可持续。此外，项目所使用的竹子是在邻近的恰帕斯地区种植的，因为竹子生长迅速，收成期较短（约 8 年），生长期间竹子吸收大量二氧化碳，并具有高质量的重量强度比，是一种

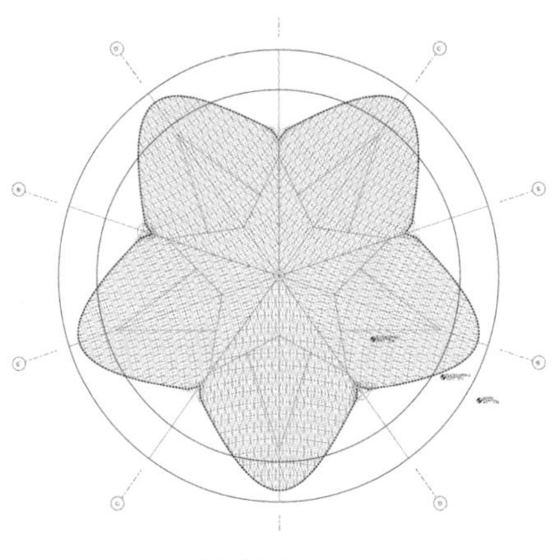

卢姆神庙平面

卢姆神庙结构叶片

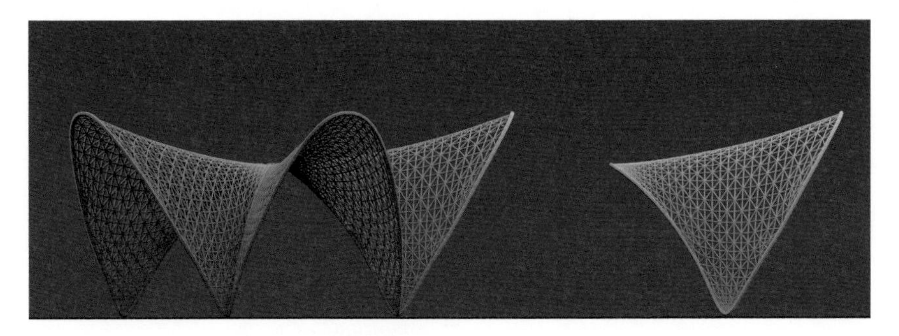

卢姆神庙立面

卢姆神庙室内

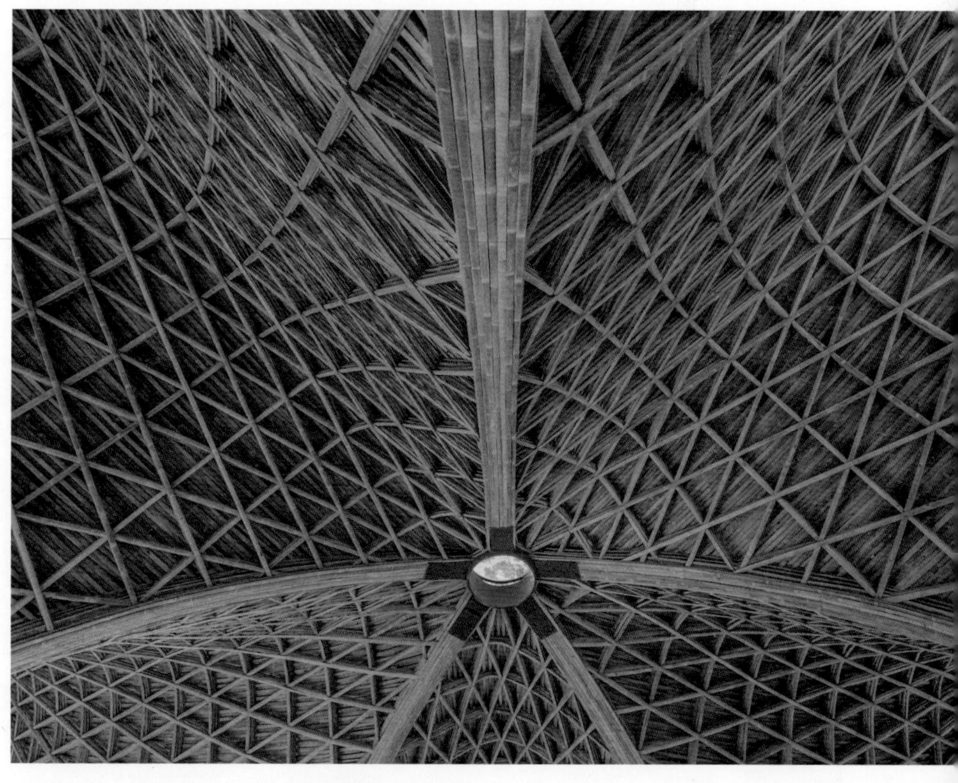

卢姆神庙室内

卢姆神庙室内

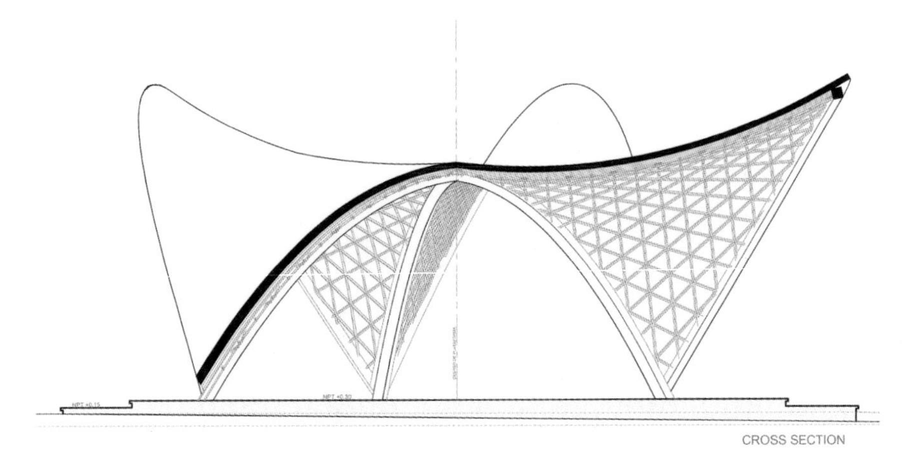

卢姆神庙结构肋

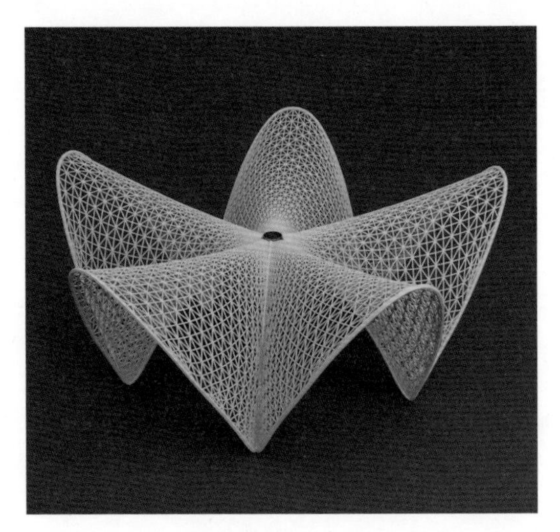

卢姆神庙结构叶片

领先的可持续材料，具有惊人的潜力。卢姆神庙的成功建设有助于提高人们对图卢姆及其他地区脆弱生态环境中更可持续发展方式的认识。

卢姆神庙处处采用最小化作用原理，结构轻盈简洁，每根受力杆件都与自然法则相容，将自然中力的流动感融入建筑之中。神庙主要使用竹子做结构，茅草做屋面材料，这些环保材料与自然环境完美融合。此外，神庙最高处设有一个镂空的圆洞，提供自然通风和采光。整个建筑与周围环境协调统一，与自然融为一体。

案例：
东北某银行大堂云屏设计和最小作用量原理

摆线（cycloid）是数学中众多迷人的曲线之一，它的定义是：一个圆沿一直线缓慢地滚动，则圆上一固定点所经过的轨迹称为摆线。

$$x(t)=a(t-\sin t),\quad y(t)=a(1-\cos t)$$

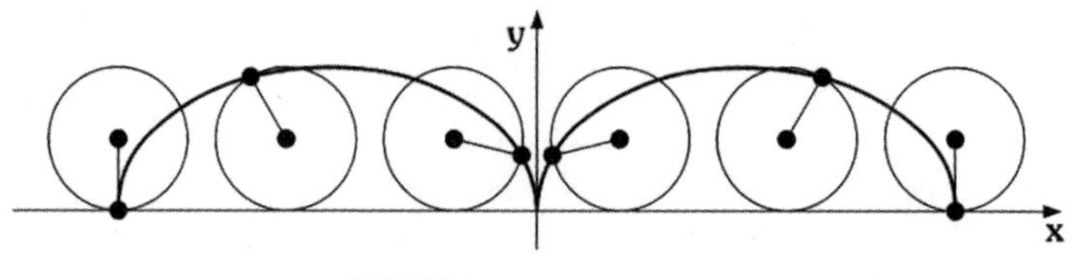

摆线原理图

摆线又称最速降线，在古建筑屋脊中就有它的影子，展现了古代建筑师对于美妙曲线的巧妙运用。东北的冰雪文化中的速降滑道也是一种摆线。这些图形均能通过严谨的数学公式来呈现完美的造型曲线，体现了数学与美学的完美结合。

1696年，著名的最速降线问题被伯努利解决了。该问题涉及一个球从斜面顶端滚动到最低点的轨迹问题，即支撑球滚动的轨道应该是怎样的形状，才能让球以最快的速度到达底部。经过多位数学家的努力，最终证明了圆形并非最速降线的答案，在不考虑摩擦力的情况下，摆线是最速降线的唯一答案，而摆线亦是数学层面上最完美的曲线之一。这里提出了一个问题，最优化的事物是不是同时具有美的属性？

随着现代主义和解构主义的出现，越来越多的设计师开始尝试利用曲线来打

屋脊线摆线

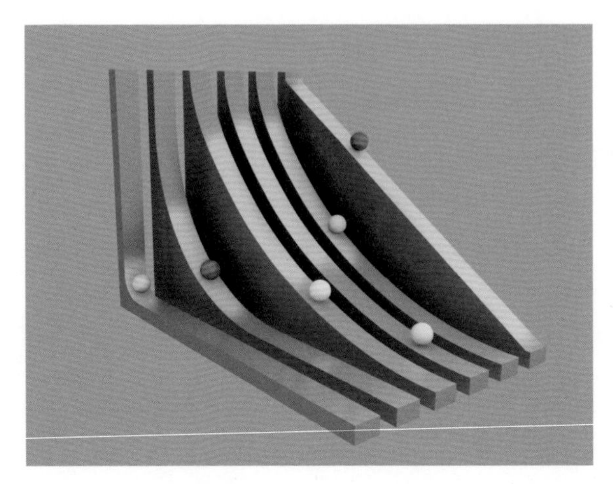

速降线示意图

破传统的平直造型，让空间更富有动感和艺术感。除了美学价值，曲面造型物也具备较高的功能性。例如，在声学设计上，采用曲面造型物可以缓解声波反射和回声，提高音效质量。在曲面造型物的应用中，困扰着众多的设计师是制作工艺上的难度。大多数曲面造型物都需要采用高精度的数控加工设备才能制作，制作难度和成本相对较高。现在，设计师们也开始将数字化技术和传统工艺相结合，探索各种创新的可能性。

在曲面造型物的设计过程中，设计师除了需要了解其结构力学原理，还要在设计中充分考虑材料的选择和制作工艺，以保证其结构的可靠性和安全性。同时需要注意其与人体的比例关系，避免出现过于夸张或不自然的造型。如果曲面造型物可以分解成数学公式进行模拟计算，这样不仅解决了造型美观性的问题，还能为实际制作提供可控的操作方法。同时通过将设计方法的数字化，使得每一个细节都得到了精细的推敲，也让整个设计过程更加科学和合理。

下面通过分析一个典型的室内曲面造型设计，来探讨曲面造型物的设计要点。

东北某银行大堂的云屏设计其核心概念就是摆线。这是一个基于最小作用量原理进行构思的室内设计。这座建筑原是省内某机关的办公楼，后来被东北某银行购入并改建成总行大楼。大堂规模非常巨大，长宽均达 40m，高度 20m，由四根立柱支撑，空间十分宏大，极具震撼力，但是似乎还缺少某些元素。

我一直认为室内设计不能流于表面，要具有永恒感，因此光用装饰的手法是不够的。因为装饰可能与材料和氛围的关系更密切，而很难产生唯一与永恒感。在一般的室内设计过程中，往往会有许多不同的设计方案，而方案的选择往往取决于评判者的品位和眼光，很难产生一个明确且唯一的解。

在对东北某银行大堂的设计中，我没有把对大堂内部六个面的刻画放在首位，而是首先想在这个大厅的中央（因为这个空间具有强烈的中心感）建立一个具有自生成逻辑，能够反映力学结构合理性的装置物，同时它也要有自身存在的意义或者价值。

以此物体为主体，将室内六个面的装修设计作为第二层次的设计辅体，围绕主体展开。主体和辅体相互衬托与呼应，最终形成一个整体。这是我在创造室内空间时经常采用的一种方法，这样更能产生主次之分，也为室内空间带来丰富的层次感。

因此我决定在大堂的中央以吊装的形式植入一个既能夺人眼球又具有科技感的电子屏，我称之为云屏。这个云屏既在空间中占据合适的比例，又要给人非常轻盈的感觉，因为轻盈可以使人联想到科技感。

我们很快设计好一幅草图。根据空间尺度确定了云屏的直径尺寸，以此做为起始尺寸并用最小作用量原理来打造这个屏幕的结构，推敲再三，我觉得摆线这个与东北冰雪文化有关的优美曲线，能够解决所有我们想要解决的问题。所以这个屏的剖面就被设计成摆线的一部分，然后将其旋转形成了单叶双曲面的形状。

我们把这个单叶双曲面线用数学公式表达出来。考虑到施工工艺，如果这个双曲面线中的每根法线都是曲线的话，那么无论是对施工难度还是受力状况，都将带来非常大的挑战。

渐近线的切线导数是指渐近线在某一点处的切线斜率。由于渐近线是直线，所以它的切线导数是一个常数。例如，渐近线 $z=x/a$ 的切线导数为 $1/a$。我们先找到单叶双曲面线的渐近线方程的切线斜率，然后把它们旋转 45°，得到一些法线。这些法线就是曲面和平面 $z=x/a$ 的交线。也就是说，我们把单叶双曲面沿着这个平面切开，得到一个曲面片。在这个曲面片上，每个点都对应着一个旋转过的法线。最后，我们发现这个曲面片的轮廓是摆线的一段，而且这段摆线就是 $[0,2\pi a]$ 区间上的摆线。我们利用摆线和单叶双曲面的数学性质，构造了一个由直线交错而成的稳定造型物。它既优美又轻盈，符合受力合理性，展现了数学与建筑的完美结合。我们还用微积分计算了它的表面积、重量和受力情况，精确地阐释了它的质量和力学构成。

双曲面是一种二次曲面，可以用公式表达为：

$$\frac{x^2}{a^2}+\frac{y^2}{b^2}+\frac{z^2}{c^2}=1$$

已知 z=0 时，x=1140（下半径），y=0 或 x=0，y=1140，得 a=b=1140。又有 x=3700（上半径），y=0 时，z=8135（高度），得

$$C=\sqrt{8135^2/\left(\frac{3700^2}{1140^2}-1\right)}=2637.18$$

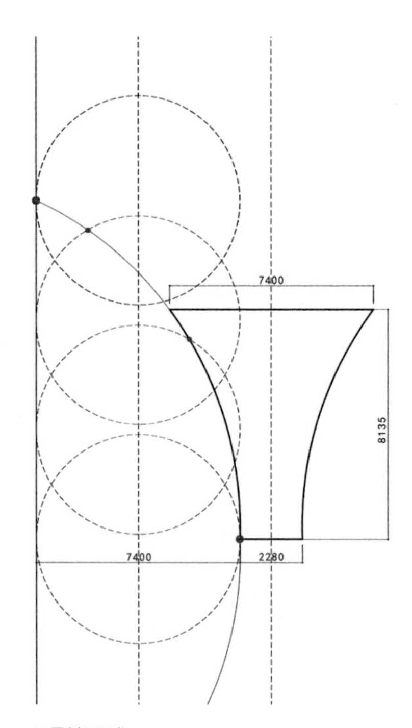

云屏剖面细化

单叶双曲面在 xOz 平面上为双曲线，方程为：

$$\frac{x^2}{y^2}-\frac{z^2}{c^2}=1$$

因此，双曲线的渐近线方程为：

$$z=\pm\frac{c}{a}x$$

最后，在 MATLAB 中画出计算好的单叶双曲面：

$$\frac{x^2}{1140^2}+\frac{y^2}{1140^2}-\frac{z^2}{2637^2}=1$$

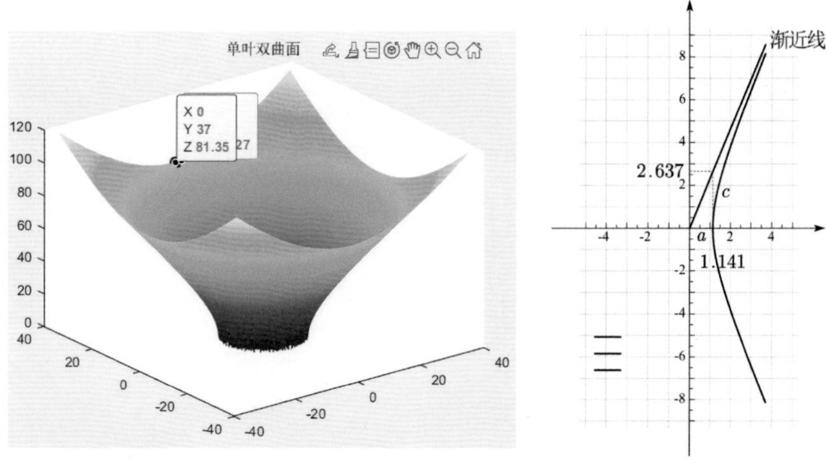

MATLAB 绘制的单叶双曲面

云屏双曲渐近线

从图上可以看到，设计点在双曲面上。另一方面，画出双曲线及其渐近线，也可验证计算结果的正确性。

由此可得下列云屏各项部件数据。

（1）上方固定环

$$d=140; D=7400; V=\pi Dx\frac{\pi d^2}{4}=\pi^2\times7400\times140^2/4/10^9=0.357872\text{m}^3$$

（2）下方固定环

$$d = 100; D = 2280; V = \pi D x \frac{\pi d^2}{4} = \pi^2 \times 2280 \times 100^2/4/10^9 = 0.563061\text{m}^3$$

（3）单根构件

$$1 = 8864; d = 50; v = 1x\frac{\pi d^2}{4} = 8864 \times \pi \times 50^2/4/10^9 = 0.0174044\text{m}^3$$

（4）吊屏表面积

单叶双曲面方程式：

$$\frac{x^2}{a^2} + \frac{y^2}{b^2} + \frac{z^2}{c^2} = 1$$

因该单叶双曲面满足 $a=b$，故横截面均为圆形，其半径为：

$$r = \sqrt{x^2 + y^2} = \frac{a}{c}\sqrt{c^2 + z^2}$$

故表面积为：

$$S = 2\pi \int_0^{\text{zmax}} \text{rdz}$$

$$= 2\pi \int_0^{\text{zmax}} \sqrt{x^2 + y^2}\, \text{dz}$$

$$= 2\pi \int_0^{\text{zmax}} \frac{a}{c}\sqrt{x^2 + y^2}\, \text{dz}$$

$$2\pi \int_0^{8135} \frac{1140}{2637}\sqrt{2637^2 + z^2} dz \approx 112.0\text{m}^2$$

（5）菱形显示面

$$S_{菱} = 112; S_{直} = d \times 1 \times 34 = 50 \times 8864 \times 34/10^6 = 15.0688\text{m}^2$$

$$S_{菱} > 112 - 15.0688 = 96.9312\text{m}^2$$

严谨的数学公式推导出最终的云屏表面积可以达到 112m^2，其中纯显示部分达到了 97m^2。与传统钢结构骨架吊装 LED 透明屏幕相比，云屏具有更大的显示面积，更合理的固定结构以及更完美的设计感，无论是否显示内容，都将是大堂的视觉焦点。

显示方式：运用 LED 透明屏的模块化组件，并结合参数化造型构件，使云屏拥有更大的显示面积。运用点阵显示的透明屏技术，即使在非显示时间段，屏幕的本体也不再是黑色面板，而具有极强的雕塑感。

材料运用：基于整个设计的数字化特性，选用碳纤维 3D 打印的方式制作云屏支架就是一个顺理成章的选择。这种制造方式可以根据屏幕线束的需求进行深化设计，预留相应穿线孔洞，方便表面屏幕的安装。碳纤维是最佳的轻量化材料，它可以在保证结构稳定性的前提下减轻云屏对原土建结构的负担。

重量计算方面：根据云屏各部位的材质及屏幕的单位重量，我们计算出云屏的总重量。与传统纯钢结构造型相比，采用碳纤维 3D 打印的云屏支架不仅在结构稳定性上表现出色，而且极大地减少了云屏的总重量，降低了对原建筑的新增荷载压力。这种轻量化的设计方法能够产生轻盈完美的视觉效果。

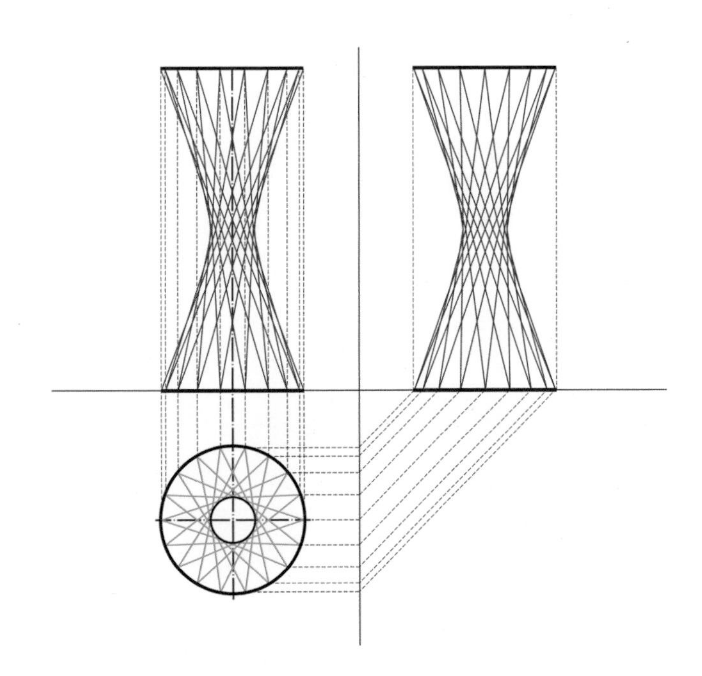

云屏结构分析图

大堂正立面效果图

大堂侧立面效果图

大堂侧立面效果图

云屏在设计过程中充分运用微积分的计算以及最小量作用原理，通过对各种参数进行定量化的分析和优化，使整个设计过程更科学，为最后的施工提供了技术依据。这种方式不仅提高了室内设计的技术含量，还使得设计更加精确和高效。通过这次尝试，我们相信可以在未来的设计中更加深入地运用数学知识和科学方法，创造出更具有实用性和美感的建筑空间。

3. 最小作用量原理和仿生建筑

鹦鹉螺的生长就是最小作用量原理在大自然中的一个生动体现。

对数螺旋曲线是一种绕着中心点不断旋转的曲线，在一个方向上与中心点的距离越来越远，而在另一个方向上与中心点的距离越来越近。螺旋曲线有很多种，其中具有扩展对称性的是对数螺线。这种螺线的旋转角度是由半径的对数来决定的，因此它被称为对数螺线。可以把它想象成一根无限长的长杆，以恒定速度绕着固定支点旋转。

对数螺线的一个显著特点是，靠近中心点的线非常密集，而随着与中心点的距离越来越远，相邻两圈之间的距离也会越来越远。这种缠绕的图形可以通过一个定量的微分方程来描述，无论对数螺线被放大或缩小，路线始终保持不变。

自然界中与对数螺线相对应的最著名的生物是鹦鹉螺。鹦鹉螺的生长方式十

鹦鹉螺

分特别，它会长出对数螺旋状的外壳，其过程非常有趣。鹦鹉螺是一种海洋软体动物，属于头足类动物，生长于南太平洋与印度洋的深海。这种动物有着长长的触角用于捕捉螃蟹，而其外壳则呈现出优雅的对数螺线形状，内部由多个依次增大的空腔构成。

鹦鹉螺的外壳形状源自它的不断生长和扩张，其旋转对称性决定了它的身体柔软而外壳坚硬。在发育过程中，鹦鹉螺的身体无法固定在外壳内，当外壳无法容纳越来越大的身体时，唯一可行的方法就是扩建螺舍。因此，鹦鹉螺会不停地在外壳外缘堆砌排泄物，随着身体指数级增长，外壳的扩建也得跟上身体的生长速度。所以我们看到的不断增长的方向实际上是一个时间的函数。从数学上看，它又是一个非常简洁雅致的形态。整个壳体完全按照最优化原理进行生物劳动创作，最终形成了这根对数螺线。这是生物学上微积分最小作用量原理的一个非常好的应用案例。

在生长过程中，鹦鹉螺吸收海水中的盐分、矿物质以及自身的食物分泌物，把它们转化为屋舍的基建材料，不断堆积形成其外壳。在其漫长的生长过程中，鹦鹉螺必须遵循最节约、最优化的生物活动原则，以最小的代谢量和消耗品来完成这一过程，这是生物的本能。

鹦鹉螺壳的形状是如此生态、节约和合理，因而呈现出如此美妙的外观。所以，我认为美从来都是第二性的，对生物而言，首要考虑的是合理性，只有在合理的基础上才能产生美的感受。螺旋形状蕴含着自然界无穷的美感与力量，优美、舒适、充满力量以及无限延展的特性，也激发了设计师们的创意灵感。

案例：
鹦鹉螺生态度假村
——仿生学习中心

文森特·卡勒博（Vincent Callebaut）在菲律宾巴拉望岛上设计并建造了以贝壳为灵感的生态旅游度假村，其功能包含了科学研究与学习中心、航海基地、体育馆、旋转公寓和酒店。

菲律宾是一个面临环境退化危机的国家。在这片即将建设度假村的海域，至少栖息着 5 种海龟、28 种海洋哺乳动物、168 种软骨鱼类、648 种软体动物、

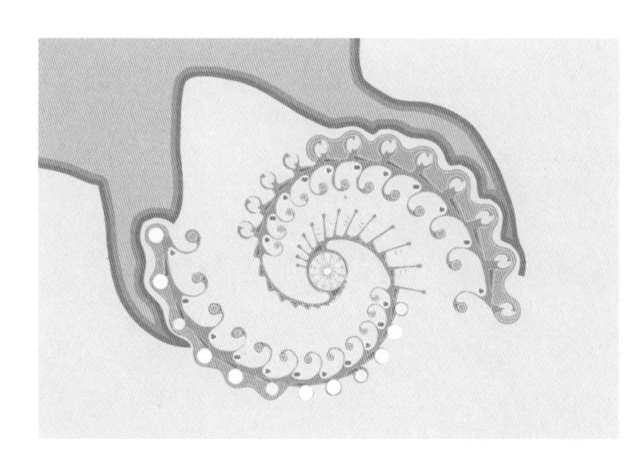

鹦鹉螺度假村意向平面

鹦鹉螺度假村意向鸟瞰

鹦鹉螺度假村意向游泳馆

鹦鹉螺中心意向鸟瞰

1755 种与珊瑚礁有关的鱼类和 820 种藻类。因此，设计师必须考虑如何重建人类与环境之间的共生关系。

设计师采用对数螺线的概念，在海湾海域中规划设置两根对数螺线形交通能源大动线，把大海切割成两个海螺形状的区域，并将建筑物分别置于对数螺线的节点上。此外，在这两根对数螺线的节点上，还分布着小的分形对数螺线，构成了一个层次丰富的规划方案。设计师参照鹦鹉螺在整个生长过程中遵循的最小作用量原理，充分利用能源和材料创造出这一优美曲线，将其运用到设计中。

在整个规划的中心位置，设计师将室内游泳体育馆的建筑造型设计成仿菠萝型。菠萝的叶瓣呈螺旋状向外扩散，且按照斐波那契数列的规律排布。在室内游泳体育馆的每个采光窗与室外绿化阳台，也是按照这种排列方式设计的，非常符合自然生物的形态。两个主要的建筑实体——贝壳形酒店和旋转的公寓楼，也沿着两条螺旋线蜿蜒而上，遵循了斐波那契数列的规律，以实现平衡与和谐的象征。

所有的平面规划和建筑主体都充分考虑了仿生学原理和大自然的美学，符合生物生长的自然法则，是非常好的规划设计，也与当地环境充分融合，形成了一个具有海洋生物美学的鹦鹉螺生态度假村。

在鹦鹉螺生态度假村项目中，设计师应用了 5 项亲自然设计原则：

（1）加强与自然的视觉联系；

（2）关注热变化和空气更新；

（3）享受动态和漫射光；

（4）倍增生物形态的形状和图案；

（5）优化与生物来源材料相关的感官联系。

把生物生长逻辑转换成建筑设计语言，设计师将生物的形态原理融入整个规划的主框架中，将结构和形态完美结合，创造出一种仿生的自然形态。这样的建筑形态可以充分接收阳光，空气可以自由流通，就像植物一样仿佛能够自由生长，符合大自然中生存的法则。

鹦鹉螺生态度假村项目希望扩大“三零”生态旅游的领域，即零排放、零浪费和零贫困。致力于发现世界的完美而不扭曲它，积极参与生态环境的保护和修复工作，是每位建设者和设计师应有的价值观。

4. 斐波那契数列和仿生建筑

通过对向日葵或雏菊等植物的辐射状图案进行研究，我们可以发现著名的斐波那契数列，即 1、1、2、3、5、8、13、21、34、55、89……在这个数列中，从第三个数字开始，每个数字都是前面两个数字之和。

在植物生长的过程中，为什么会出现斐波那契数列呢？如果我们对这个过程背后的生物学机制进行一些了解，就会发现植物为了得到最大化的阳光和空间，会采用 137.5° 的黄金角度螺旋发展。黄金角度大概是在数学上和斐波那契数列关系最密切的因素，也是植物生长出斐波那契数列的原因，为我们揭开大自然的内在规律提供了一个非常有用的思路。

在植物生长的过程中，它会不断地扩展其外壳边缘，一旦形成发育图形，新的图形就会在原有的图形基础上不断扩张。黄金角度可以使原始基体更紧密地排列在一起，从而通过最优化的组织达到光合作用效率的最大化，并最有效地利用植物自身材料，使其在与其他植物的竞争中获得优势。

黄金角度的大小实际上是由太阳光和植物自身生长发育共同影响而产生的，旨在最大化生长空间。科学家通过用计算机模拟原基生长的动态过程，证实了黄金角度的重要性以及与斐波那契数列之间的关系。在几百年前，人们就已经认识到黄金角度与斐波那契数列之间的紧密联系。最简单的描述方法是，将斐波那契数列中相邻的两个数字相除，构成 3/5、5/8、8/13 等数，用这些数表示圆弧度数，最后会趋近于 222.5° 。而黄金角 137.5° 的补角，正是 222.5° 。这就解释了为什么黄金角度与斐波那契数列密切相关。在植物的生长过程中，需要用叶子进行

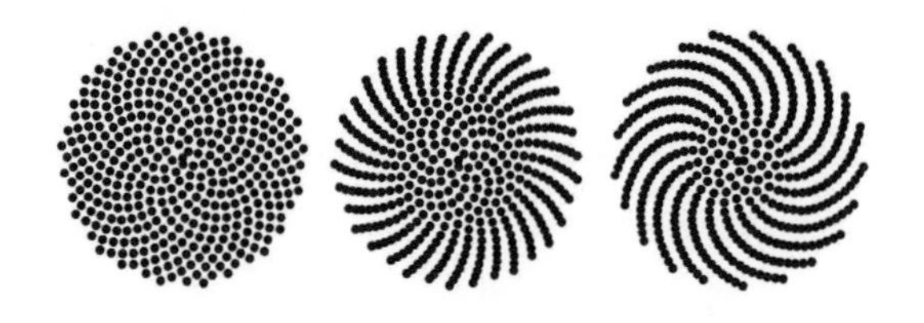

植物放射性排列图案

光合作用。叶子、花瓣、花萼等，在植物茎秆上生长出来的地方，就是原基。而这些原基生长的角度，恰恰就是黄金角——137.5° 。也就是说，在植物的生长过程中，会不断有新的原基产生。如果新的原基需要挤占旧原基的位置，那么这两个原基就会按照 137.5° 的夹角进行生长。原基的几何结构与斐波那契数列有关，这也是为什么很多花的花瓣数受斐波那契数列的支配。斐波那契数列原理作用下的黄金角，保证了每个原基上长出的叶片、花和蕊都能够获得最大的生长空间，叶片会获得充足的阳光，花瓣和花蕊能够有充分的空间来吸引昆虫传粉，使得植物获得最大化的生长空间。

仿生学是在自然科学领域内的一种向大自然学习的策略。大自然提供了丰富的灵感，但工程师也不能简单地复制灵感，而是要将其融入结构构造设计和艺术设计之中。

生物体在建造自身躯壳时，会自然而然地用到微积分，用最节约的能量与周边材料来最有效地创建自身组织，生物是不会浪费资源的。仿生学关注生物的结构。结构的创新是一个绕不开的话题，形式源于数学，通过计算机或者算法的描绘，我们可以得出某种材料最有效的生长模式或者形式，从而把美蕴含在这个合理的结构之中。所以美永远是第二性的，而不是追求的目标，美就埋在了建筑诞生过程中的每一步中。

案例：
伦敦国王十字车站的
改造设计

伦敦国王十字车站是英国最繁忙的火车站之一，每天有数以万计的乘客在这里出入。对这座建筑的改造，完全保留了其历史风貌，被认为是近年来最成功的大型历史建筑改造工程之一。设计师采用了斐波那契数列中的几组数字，使新设计部分的平面布局呈现完全对称的半圆形，并采用了许多仿生学原理进行建筑结构设计。这个项目所在的区域是一个不规则三角形地块，新扩建的车站广场顶部为拱形，最高约 20m，长度达 150m。车站入口从西广场的最南端贯通到最北端，是欧洲最大的单跨式结构体，达到了 4500m^2。16 条树状钢柱向四周发散，西广场与旧车站的墙面相接，仍然可以看到旧车站所有的砖体和砌体结构。该站的结

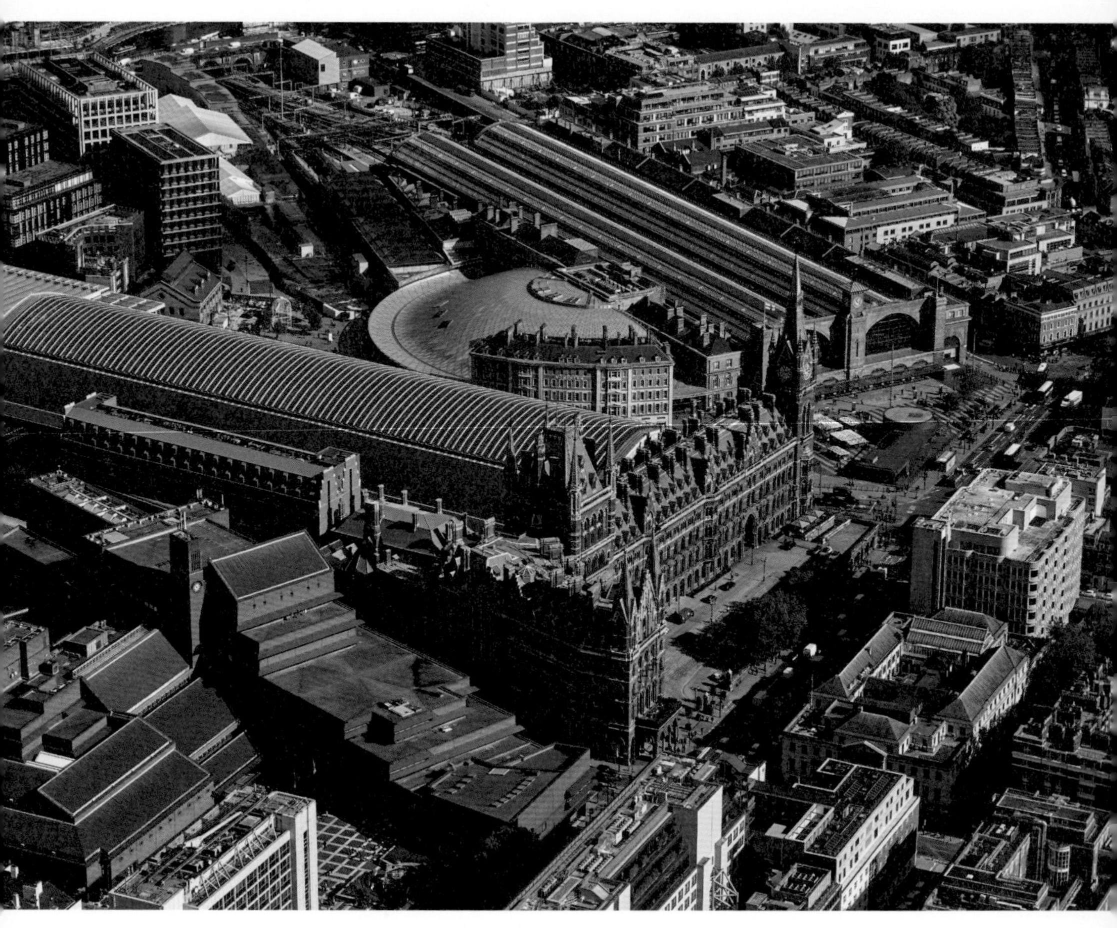

国王十字车站鸟瞰图

构设计由奥雅纳公司（ARUP）完成，建筑设计由约翰·麦卡兰建筑事务所（John McAslan + Partners）完成。如此大规模的交通枢纽建筑，需要巧妙的设计才能满足人们的功能需求和安全要求。

所有的平面规划和建筑主体都可以充分考虑仿生学原理和大自然的美学，采用符合生物生长的自然法则。这种设计方法不仅可以提高建筑的性能和美观程度，也可以保证其与当地环境充分融合，形成具有亲生物美学的建筑。

伦敦国王十字车站的建筑结构设计中采用了多种仿生学原理，设计师将这些原理与建筑结构的稳定性和美学关联起来。

半圆形的平面布局（Symmetry）

伦敦国王十字车站的新设计部分采用完全对称的半圆形平面布局。这种布局的优点在于其对称性使得结构更加稳定，且能够提高建筑的空间利用率。同时，半圆形的布局也符合自然界中一些形态的特征，如壳牌商标的贝壳形状或树木截面等。这种布局方式还可以有效地降低建筑的风阻力、减少噪声和震动传递。

斐波那契数列的运用（Proportion）

斐波那契数列是一种在自然界中广泛存在的数学规律，它的前两项为 0 和 1，从第三项开始，每一项都是前两项之和。在伦敦国王十字车站的建筑结构设计中，设计师采用了斐波那契数列的几组数字，如 5, 8, 13, 21, 34, 55, 89 等，来规划建筑的外形和支撑体系。例如，屋顶框架的支撑点数量为 89 个，这与斐波那契数列中的数字相同。这种规划方式可以使建筑整体更加和谐自然，同时增加了建筑结构的稳定性。

树状钢柱的设计（Branching）

伦敦国王十字车站的新设计部分采用了 16 条树状钢柱，这些树状钢柱向四周发散，形成支撑结构。这种设计灵感来自大自然中树木的生长方式，以及树木枝干的分杈和分支。这种支撑结构不仅具有高度的稳定性和强度，而且使建筑具有更高的美学价值。将生物生长逻辑转换成建筑设计语言，设计师将生物的形态原理融入整个规划的主框架中，将结构和形态完美结合，创造出一种仿生的自然形态。这样的建筑形态可以充分接收阳光，空气可以自由流通，就像植物一样仿佛能够自由生长，符合大自然中的生存法则。

国王十字车站大厅

国王十字车站大厅细部

国王十字车站大厅结构骨架

国王十字车站大厅细部

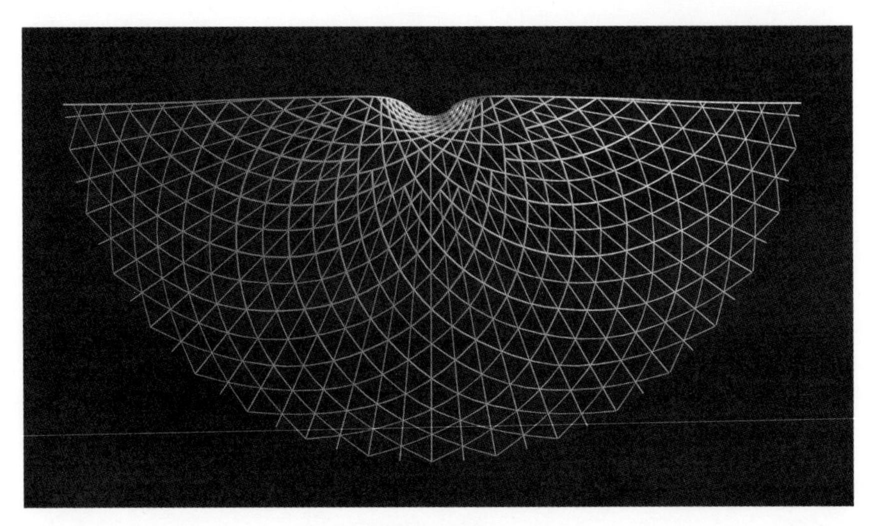

国王十字车站大厅结构骨架

伦敦国王十字车站的主屋顶是由钢桁架梁支撑而成，这种结构与人类骨架系统类似。仿生学的启示告诉我们，人类骨架系统的形态是基于机械稳定性和负载均衡原则的。同样，钢桁架梁支撑的屋顶也能够满足这些原则，保证了建筑结构的稳定性。

整个建筑的设计从结构开始，呈现出一种打开的树状大伞形态，或者像是植物的藤蔓，在地面上生长并向上延伸到空中。所以整个新建部分建筑看上去非常飘逸轻盈，通过大小不同的三角形块的组合，精确地构建了空间，既具有优雅自然的形式美感，又具有模块化和重复性的结构，方便制造和安装。

支撑结构覆盖了需要设计的半圆形空间。空间被一张网包裹，这种组织结构和贝聿铭设计的中国银行总行大厦的模数网络组织非常相似。整个斜肋构架结构看起来像一个可欣赏的雕塑构件，也像植物的藤蔓。它把力的传递过程一步步展现给了大众。这种结构的受力过程成了美学符号，或者说是美学的过程。运用大自然中最小作用量的原则，将受力、数学和计算形成一个整体。它与历史保护建筑形成了对比，刚硬挺拔雄伟的保护建筑和钢结构玻璃所组成的轻盈的扩建部分相得益彰，形成了一个很美的整体。

最上层的围护结构是由玻璃幕墙和铝板幕墙构成的整体，它被架在支撑结构之上，与支撑结构相分离。支撑结构逐步分解重力，最终传递到地面。这个传递过程实际上是将重力分解并可视觉化，把大自然中不可见的力的传递和流动，单独抽列出来而形成了结构建构，就像植物经脉一样的组织把它展现出来。所以，这里所呈现的美是建筑自然生成过程中的合理、必然的结果——合理性是第一位的，美学是第二位的。设计师只是把这两者完美地结合在一起了。

国王十字车站模型

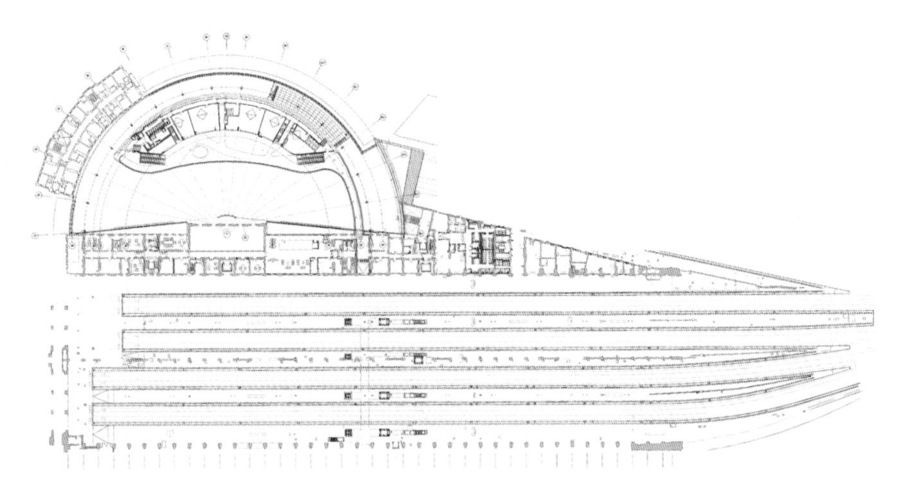

国王十字车站平面

此外，伦敦国王十字车站还采用了多层次的空间设计，这也是仿生学原理的体现。仿生学认为，生物体内部的结构很少是单一的，而是多层次的。在建筑设计中，多层次设计可以提供更多的功能、更大的灵活性和更高的效率。伦敦国王十字车站利用多层次结构来容纳不同的功能区域，比如售票厅、候车室和商店，以及连接这些区域的连廊和楼梯。这种设计使得乘客能够更方便地进行换乘和移动，并且有助于管理人流量。二层新建连廊采用曲线形状，将周边的商业与火车站空间连接起来，制冷制暖设备等功能性设施也被放置于此，解决了大空间设备的隐藏问题。

这时，一个二元对立的场景出现了，地面上发生着无数变化，包括人的流线、灯光、阳光等一切都在下面流动，然而，建筑的结构是唯一且不变的，形成了动与静、变与不变的永恒画面。建筑师在对自然形态和数学关系的研究中发现，许多设计可以把自然作为形式和逻辑的来源。在这个过程中，可以通过数学规律或者方程式来寻找合理的构造学、类型学和建造方法，从而产生创新思路。这种设计方法不仅能够提高建筑的性能与美观程度，也能够保证其与自然环境充分融合，实现最佳的可持续发展效果。

国王十字车站的设计是一个旧站改造项目，新与旧的对话、融合，让这座著名的车站焕发新生。新的改造设计既保留了车站原有的古典元素，又蕴含了当代的建筑技术，呈现出时尚与律动的美感。归根结底，它体现了数与形结合之后的“力的流动之美”。

5. 在大自然中运用伯努利原理的仿生通风

20 世纪 70 年代，仿生学被定义为向大自然学习以实现自给自足，可工程化的设计学科。

在大量的古代建筑中，都能够发现应用太阳能和自然风的巧妙设计，通过建筑设计的系统调节，起到自然通风和节能的效果。

从公元前 4 世纪开始，人类就采用仿生原理来建设土坯建筑。在没有机械动力的年代，人类已经能合理地运用伯努利的气流原理，控制气流的流动以满足室内空间、保温降温和空气流通的需求。根据伯努利原理，在水流或气流系统中，如果局部速度大，则压强小；如果局部速度小，则压强大。总压力即动态压力和静态压力之和始终保持恒定。当系统内的管道变窄时，流动速度和动态压力会在变窄点增加，同时静态压力和外部压力会成比例地下降。这种效应可以在连续流动的系统中发生，就像一个半喷嘴，它能从低压区域吸入新鲜的氧气和水，从而由室外的气流和阳光变化来为室内气流和温度变化产生动能。

观察穴居的脊椎动物，例如草原上的土拨鼠，会发现它们也会建造类似的隧道结构。它们总是在挖出土堆后，形成一个锥形火山口，土堆的顶端往往很小。根据草原风的特性，当气流流过尖锥口时，由于风速较高，顶端会形成负风压和高速风流。由于锥形口的剖面为圆形，所以与风向无关，它可以迎接任何方向的草原风。在土堆的下部，采用较为平缓的入口，来降低风速并获得动能。

土拨鼠洞穴的顶部和底部之间，能自然形成风速的流速差，产生正负压差，导致隧道内的气流产生剪刀压力差，从而引起局部温差变化。随着太阳位置的变化，隧道内的温度会产生波动，所以需要避免时而过热、时而过冷的情况。当温度过低时，土拨鼠会通过局部堵塞隧道通风口，减小其通风面积，使风速减缓，从而降低热能损失。只要时间充足，即使在较小风速下，也可以获得较大的通风量。例如，每秒 0.4m 的风速可以让整个洞穴在 10 分钟之内完成一次通风，而在每秒 1.2m 的风速下，则只需要 5 分钟。

伯努利原理使得即使在没有任何机械动能的情况下，洞穴通过风速的变化也可以产生自然流动的动能和生命力。这一原理在草原生态结构中起到了重要的作用。

非洲的罗盘蚁洞穴开口方向通常会沿着主季节风向。这种方向性的设定对于

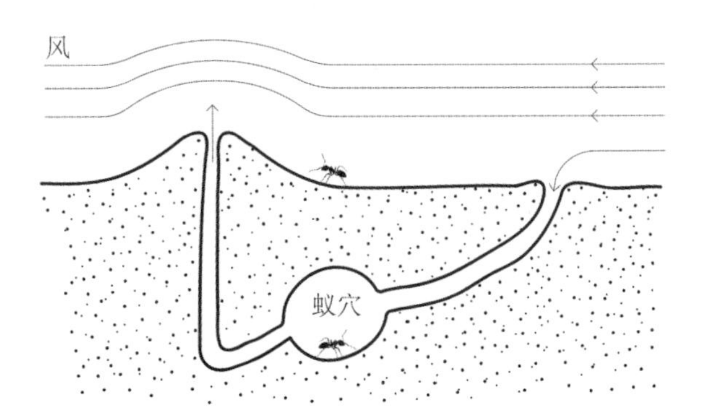

罗盘蚁洞穴剖面

洞穴整体的通风效果具有决定性作用。

罗盘蚁洞穴的结构又长又窄，通常呈南北向，洞穴宽大的一侧吸收早晚太阳光的热辐射并提供热能。当夜间温度下降时，罗盘蚁洞穴则以保温为主。整个洞穴带有一定的自动调节功能，有时候要散热，有时候要保温。

当太阳处于最高点时，阳光照射在山丘的山顶上。洞穴结构的吸热面与太阳直射角的正弦成正比，太阳能和代谢热所驱动的空气循环，使得气流在洞穴内流动。由于洞穴内壁所采用的材料具有一定的渗透性质，所以还会有一些气体通过墙体材料渗透向外排放。

在科特迪瓦，白蚁的洞穴像一座座小山矗立在草原之上，封闭的土堆上有从内部通出的长长的管道，管道的下面表面被多孔材料覆盖。进风口在下侧，而上面封闭的通往室外的盲道里也被多孔材料覆盖着。洞内空气的循环由日照和代谢热引起，所以进风口方向一定是日照的投射方向和室外主气流的风向方向。在白蚁穴的内部，温度和空气浓度会随着环流的变化而变化。白蚁在干热气候地带上建立的大型土堆，有非常好的方法对太阳能进行合理利用。

白天洞穴要捕捉阳光的温暖，到了夜间它又要让气流保留住白天的温暖，因此土堆的坡度与太阳光的投射角是垂直的，即坡度的正弦角是与太阳的主照射角度成正比。

太阳下山后，整个土堆会变成一个小型的储热结构，既要排放多余的废气，同时又要保持内部的温度。所以白蚁在建造巢穴的过程中，太阳能烟囱结构和整个构筑物的能量平衡是首要考虑的因素。它既要保证在白天通过太阳能形成气流，使巢穴内部保持良好的通风，又要保证夜间能量不过度损失而失去温度。

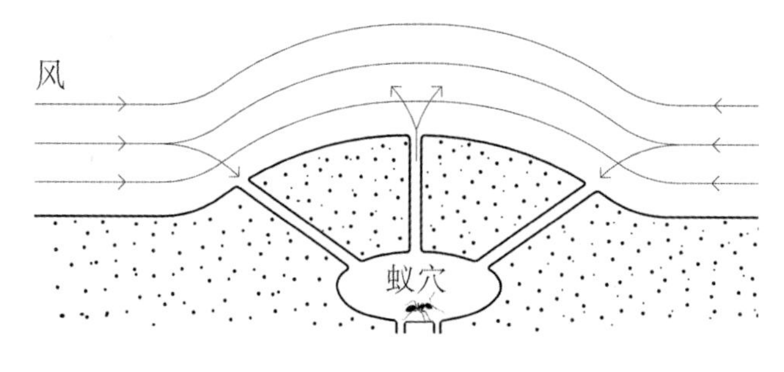

白蚁洞穴剖面

通风系统是整个结构中非常重要的组成部分。通风系统的运行使蚁穴的能耗得到合理控制，可以减少很多不必要的能耗损失。

所以火山锥形是草原和沙漠地带常见的建筑形式。很多蚁穴通过高高的烟囱状结构，使其土堆上部在阳光的照射下快速升温。同时，其内部细长的结构使热空气上升以后，在洞穴的底部形成负压，从而吸入较冷的空气。此外，许多蚁穴基地所在的位置可能有地下水，带来富含氧气和水分的物质进入洞穴内，起到物资运输的作用。这些洞穴的外部环境温度每天可能在 3℃到 42℃之间波动，但是内部的温度却可以始终保持在 31℃左右。在极端的外部条件下，它们通过改变烟囱的直径，以及积累或移除顶部的建筑材料，使内部的能耗达到非常好的平衡效果。

6. 古今建筑中伯努利原理的巧妙运用

好的通风技术在古代建筑中随处可见。例如在巴勒斯坦的海得拉巴，采用捕风器将冷空气引入室内,这一天然的空调系统不仅降低了室内的温度,还排出水分,节能又环保。伊朗伊斯法罕的建筑以及意大利维琴察附近的圆形别墅，都充分利用了拱形顶部的小喷嘴风口，产生气流的剪刀差效应。古代建筑在生物洞穴仿生和整体规划层面上的借鉴和运用，都是我们可以学习的地方。

尼日尔的清真寺采用类似的塔形结构，可能是因为在草原和沙漠地带的建筑物中，自然通风是一个常见的需求。类似的例子还包括古希腊的罗得斯古城和英

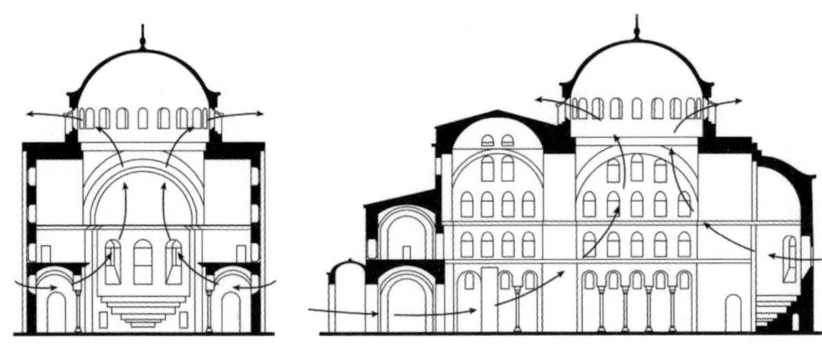

伊斯法罕建筑剖面

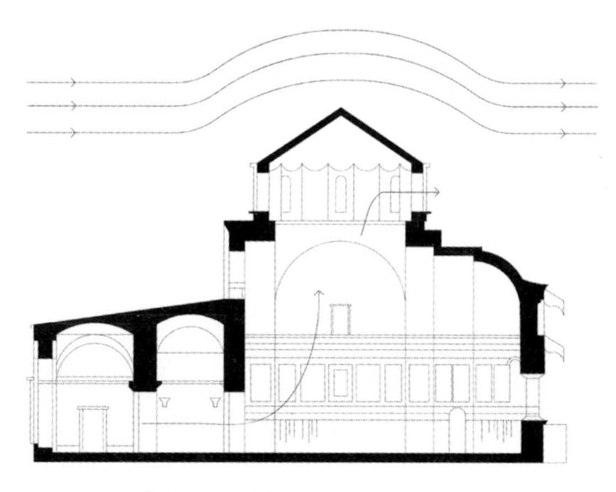

英格兰图尔区议事大厅剖面

格兰图尔区议事大厅，它们都采用了高高的塔楼形式。这些塔楼不仅具有宗教和精神层面的象征意义，还解决了室内通风的现实需求。

在古代建筑和生物栖息的洞穴中，通风系统的原理主要是基于伯努利原理。根据这个原理，气流速度越快，气压就越低。富含水分的空气从风道的顶部被排出，干燥而富有氧气的空气从底部被吸入，通过烟囱效应来使内部空气的流通，从而达到良好的自然空调效果。

在古老的文明中，自然通风的方法经过长时间的试验和迭代得以固化和传承。伯努利原理也是人们和动物在日常生活中不自觉地发现和应用的。在这些结构中，伯努利原理发挥了非常好的效果，可以实现室内良好的温差控制。在现代条件下，我们可以利用伯努利原理，来联系动压、静压、流速和介质密度，并通过数学公式进行精确计算，从而揭示出更广泛的应用价值。

中国也有建筑“风水”的说法，指的是利用风景、地势与水流等因素来优化生活环境，以达到宜居的状态。它与伯努利原理也有一定的联系。一些传统建筑中，可以看到它们的设计和布局考虑了风水的因素，从而实现室内空气流通和达到温度舒适的效果。

我们可以看到，像草原土拨鼠洞穴这样的结构，被当代建筑师托马斯·赫尔佐格运用到了奥地利林茨设计中心项目中。他设计了一个类似飞机机翼形状的纵向拱形建筑剖面，使得挑空大厅的拱顶轮廓处产生气流加速效应，从而促进内部气流的流动。

林茨设计中心建筑外立面

林茨设计中心建筑剖立面

很多仿生建筑采用了类似的方案优化内部通风系统，利用伯努利原理通过不同大小的开口来实现烟囱效应，引导室内空气得到更好的流动，并促使热空气上升，以达到调节室内温度的目的。

赫尔佐格设计的林茨设计中心的建筑体型为上凸形状，类似于飞机机翼。当自然风吹过时，其顶端风速较快，底部风速较慢。为了实现空气流动，设计师在顶部开设了一个条形气流对流窗，并在其上部又设计了一个长条叶片以避免雨水侵蚀。这样，当风吹过来的时候，由于长条叶片的作用，顶端的风速会被加强，从而在建筑顶部形成较高的气流速度。

根据伯努利原理，风速高则压力低，因此顶部的外侧压力会比其他部分的压力低，导致室内气压大于室外气压，从而带出室内气流。随着气流的压力变化，室内更多的空气会被带出。

此外，由于该建筑体量较大，废气和热空气都集聚在上部，通过这种方式，室内的废气可以排出，并让新鲜空气从底部进入。同时设计师在建筑的底部增加了开口和导风叶板，使得外部的气流可以顺利地进入室内。

这就是伯努利原理在建筑上的应用，通过控制建筑的形态来调节室外气流的变化，并利用顶部设计的造型物来提高气流速度，为室内空气流动带来自然动力。这个是一个非常智慧的方法，能够达到既环保又节能的目的。

7. 微积分逻辑运用的其他案例

另外两个案例也可以说明微积分的思考逻辑对设计的影响。它们分别是景德镇御窑博物馆和九桥乡村俱乐部。

案例：景德镇御窑博物馆

景德镇御窑博物馆由朱锫建筑事务所设计，其建筑体型受到了古代烧制瓷器的窑炉断面的影响。在烧制陶瓷的过程中，窑炉需要让热量聚集在中央，所以其内壁一般被设计成向内聚拢的圆弧状造型。设计师参照了古代窑炉的造型，即倒悬链线结构的拱形。这种结构之前我们分析过，它的受力状况是最合理的。设计师在构思之初，想

景德镇御窑博物馆

景德镇御窑博物馆

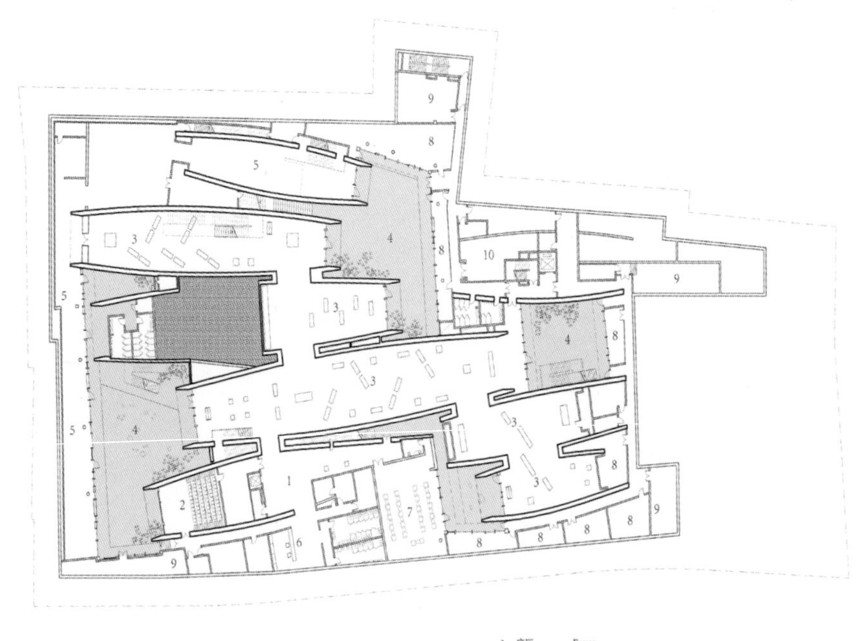

1 序厅 Foyer
2 报告厅 Auditorium
3 展厅 Permanent Exhibition
4 下沉庭院 Sunken Courtyard
5 交流展厅 Temporary Exhibition
6 存衣 Coat Check
7 多功能厅 Multifunctional Hall
8 文物修复室 Restoration Room
9 设备用房 Mechanical Room
10 库房 Storage

0 4 10 20m

景德镇御窑博物馆地下一层平面图

景德镇御窑博物馆平面及材料小样

象当年的御窑可能是采用这样的拱形结构砌建而成的。拱的大小和跨度是受材料本身强度以及搭接稳定性的影响。当时的窑炉尺寸最大也只有 2 到 3m。

倒悬链线结构是微积分最小作用量原理的具体应用。在这种结构中，重量在垂直方向上的合力会累积，导致结构体型的形态产生相应的变化。在建筑中，采用倒悬链线结构可以实现结构跨度和美学的最大化。这种结构的受力状态可以用微积分公式进行计算，因此它的存在合理性是得到肯定的。在这个设计中，微积分逻辑对造型所产生了决定性影响。

用最少的砖块来砌筑最大跨度的建筑，建造逻辑里应该隐含这样的想法，就像鹦鹉螺用自己的分泌物最节省、最合理地建造自身壳体一样。建构的存在形式里包含了最优化思想，用最小化的碎片建构最大跨度的形，这就是真实的微积分思想的体现，是微积分逻辑的第一个影响。

设计师采用了有几百年历史的砖窑瓦砾，掺和着陶坯的土坯所烧制成的砖，然后把砖砌筑成了这样一个造型。这是一座有着非常丰富细节的建筑物，这些细节里面包含了历史和文化之感。就像鹦鹉螺塑造自己的壳体一样，通过一个自然生成的代谢过程体现出美。我认为这就是微积分逻辑之于其造型的第二个影响。

第三个影响在于景德镇御窑博物馆内部的变化，包括光线、路径，以及其他方面的变化。设计师希望以变化之美吸引人去探究，并通过最简单的造型达到最大化的变化，由最少的手段收获最多的感悟。

景德镇御窑博物馆项目符合最小作用量原理下建筑室内设计的理念。首先，其造型不是简单的筒形结构，而是一个带有双曲面变化的体量。表面由有几百年历史的砖窑瓦砾碎片和细条陶土片建构而成的一个巨大的拱形，这就是最真实的由微小量累积而成的建筑体现。其次，设计场所本身对造型有内在的追求，可能想要表达一种受历史和自然规则所支配的诗意。尽管设计师没有直截了当地表达，但这些不规则的筒形结构自由地呈现，实际上也是受到设计师内在逻辑的支配而存在的。

案例：
韩国九桥乡村俱乐部

日本建筑师坂茂设计的九桥乡村俱乐部会所占地 16000m^2，设有高尔夫球场。酒店分为主楼、贵宾楼和私人套房。其中，酒店中庭和主体建筑的上部采用了木柱和玻璃幕墙，而底座则采用韩国典型的随机碎石砌体。木材区域包括接待区、会员休息室和宴会厅。石质平台上则设有更衣室、浴室和服务区。主楼的屋顶尺寸为 36m×72m。中庭中有一些不同寻常的树状木柱，通至三层，高度为 13m。鉴于韩国规定，部分木结构建筑的面积不能超过 6000m^2。

九桥乡村俱乐部的中庭同样采用了围护结构与支撑结构分离的做法。顶部的围护结构由轻质钢板和采光天窗两部分组成，构成一个独立的板状结构，放置于支撑结构之上。设计师把支撑结构的设计变成他的炫技作品，用于表现力之美。同时，他巧妙地把采光天窗放置于结构柱的正上方，这是视觉上最吸引人的部位。光与力结合在一起，光线代表着神性，神性顺着设计师的巧妙构思而下降。

整个结构体是用木材制成的，设计采用了三组 120° 方向交织的网格组成一个六边形大网格的顶面结构体系，再从顶面延伸到柱面，组成一个木质结构整体。

九桥乡村俱乐部

九桥乡村俱乐部室内

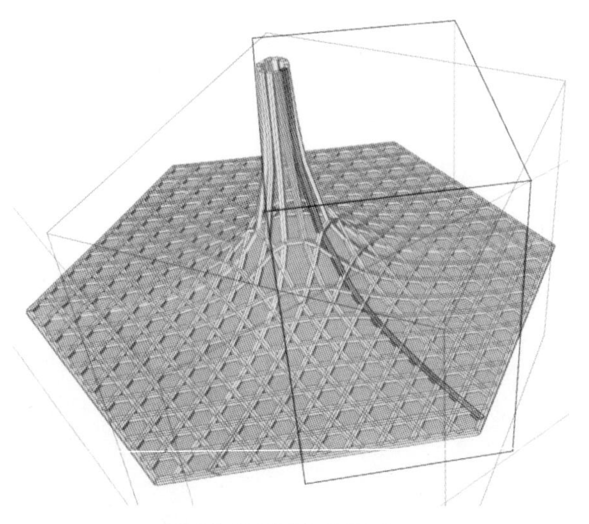

九桥乡村俱乐部结构单元模块示意

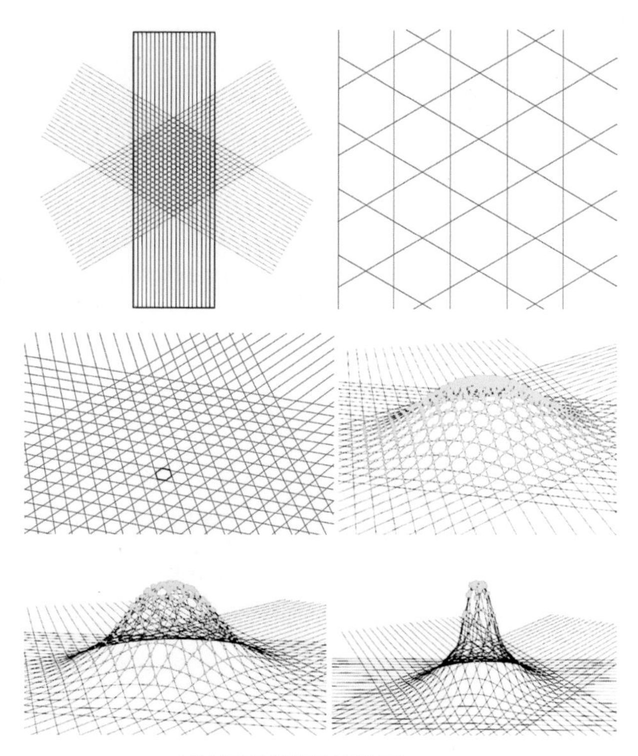

九桥乡村俱乐部结构受力网络示意

九桥乡村俱乐部结构受力模型

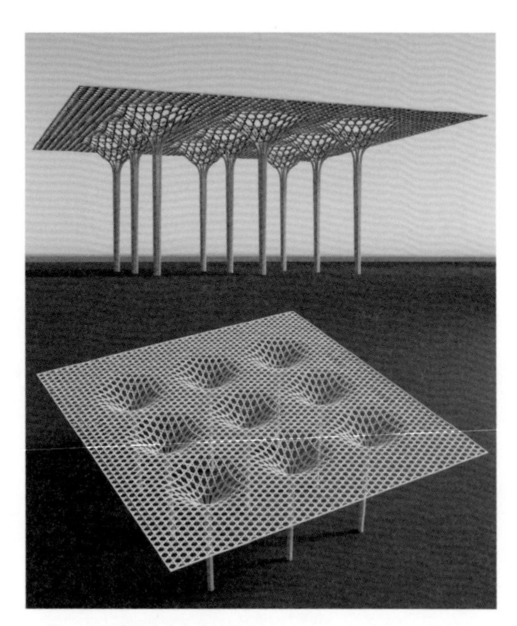

九桥乡村俱乐部结构受力模型

九桥乡村俱乐部结构装配示意

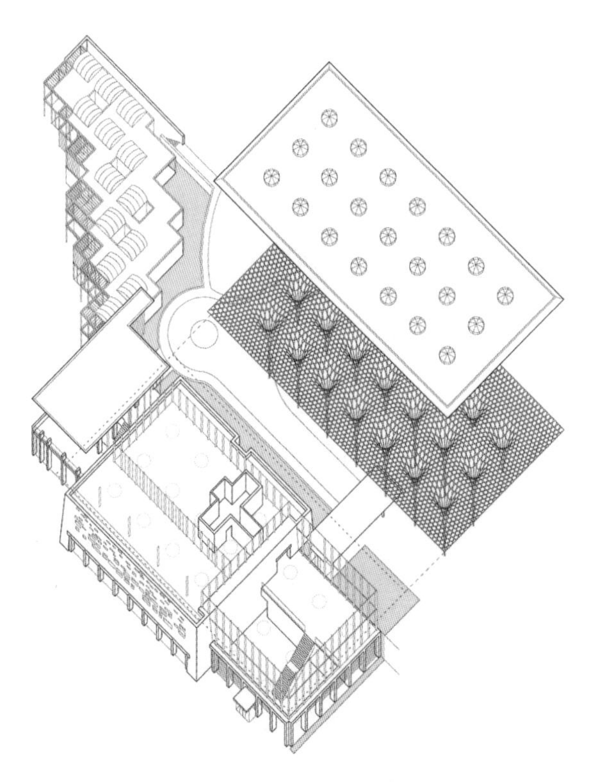

九桥乡村俱乐部轴测图

在木柱的垂直受力点处，设计师夸张地将其从顶面拉下来，成为一组受力的束柱。整个结构框架通过数学模型被呈现出来。运用微积分公式进行精确的力学计算，可以在数学模型中清晰地看到重力如何从顶端一点点地传导到地面。

顺着光线可以看到大堂中央的 21 根木柱，它们把整个大堂的顶面托起，形成一种轻盈的感觉。建筑师用数学的逻辑和可视化的方法，一步一步地将重力荷载清晰地从顶面传递到地面。尽管用数学的方法可以构建纯粹的自由曲面建筑设计，但这可能会使其离常规建筑本体稍微远一点。从坂茂的这个作品中，我们可以看到力以一种非常简洁的方式传递，没有任何多余的部分。建筑的重力通过最精简的方式表达出来，这是最小作用量原理和最优化原则的体现。然而，在中国建筑师的作品中，这类项目很少见，究其原因是中国的建筑规范过于保守，设计师无法通过技术手段去挑战力的传递的极限。真正的美只有在这种挑战中才能被揭示。这就是为什么美往往仅在极简状态下才被体现的原因。

9

微积分几何函数与图形的意义

1. 微积分几何函数的图形及其物理意义

把有一个自变量的函数称为一元函数。一阶导数就是函数图像曲线的切线斜率值。二阶导数可以用来确定曲线的凹凸性。

一元函数也可以用运动来理解。如果把一元函数的自变量理解为时间 T 的因变量，把函数值理解为物体与参考点之间的距离，则一阶导函数就是这个物体的速度随时间变化的方程，二阶导函数就是加速度随时间变化的方程。

一个一元函数对自变量 x 的积分，可以理解为函数曲线和 x 轴围成的面积。套用积分公式，也可以计算函数曲线的长度。这个积分也被叫作弧积分。

圆锥体的性质也可以用偏导数来计算，这就要用到二元函数了。大家都熟悉圆锥曲线，椭圆、双曲线、抛物线都是圆锥曲线。这些曲线都可以用一个平面从不同方向上截取一个圆锥体而得到。经过圆锥体的同一点，用不同方向的平面截取，截到的曲线不一样。这些不同曲线，经过这一点的切线斜率也不一样。现在把一个曲面（当然圆锥体也算曲面），放在三维直角坐标系下，用一个函数 $z=f(x,y)$ 来表示，则偏导数 z/x 其实是可以计算出来的，即切线斜率。使用平行于 xOz 坐标平面的平面，过曲面上一点 P 截取一条曲线，这条曲线在 P 点的斜率，就是这个偏导数。偏导数 z/y 也是类似，不过曲线是用平行于 yOz 坐标平面的平面截取的。

之前说的都是用平行于坐标平面的平面去截取曲线，现在用一个和三个坐标平面都相交的平面去截取曲面，也会截到曲线。那这条曲线上的切线斜率如何计算和表示呢？微积分中专门为它起了一个名字，叫方向导数。二重积分可以计算坐标平面和曲面围成的体积。三重积分可以计算物体的质心（质量的中心，一般情况下可以看成和重心相同）。

2. 将抽象的几何理论转化为算法程序

几何是大自然的语言，一切学科成熟的标志就是能用几何来精确表达其概念、思想和规律。近现代物理定律具有几何化解释，例如重力等价于时空弯曲，宇宙基本常数取决于卡拉比 – 丘流形的拓扑等。

可以毫不夸张地说，几何是人类认识自然不可或缺的基本工具。人类并不仅限于认识自然，其终极目的更在于改造自然。改造自然的基本工具既包括人手的延长物——内燃机，又包括人脑的延长物——计算机。时代的发展促使人类不可避免地将深邃优美的几何理论和无坚不摧的计算机技术相结合。由此可见，几何计算化是人类历史发展的必然。

几何计算化对于现代几何理论和计算机科学都提出了强有力的挑战。单纯从理论方面而言就已经困难重重；要在实际上运用计算机实现几何计算化，我们必然还要渡过许多难以逾越的天堑。

随着计算机技术的快速发展，计算机的计算能力不断地提升，我们在设计中可以运用的创新变化也随之增多。引入新的参数化算法以及模拟软件插件，使得建筑设计中对自然和生物的描绘更加精准。比如引入 NURBS（非均匀有理 B 样条）可以使自然和生物的几何图形和数学模型一样被自由驾驭。随着新的人工智能时代的到来，计算机已经具备了深度学习的能力，在多层次的思维中取得了很高的进展。卷积神经网络的出现使计算机在浅层思维方面也有了飞速的发展。ChatGPT–4 的问世，大大增强了计算机在自然语言处理方面的能力，从语言逻辑建构的角度对建筑与室内进行分析成为一种可能。通过精准的提问，stable diffusion、midjourney 等计算机软件可以生成各种可能的设计场景，包括建筑室内设计方案，让人类比使用优胜劣汰规则的大自然更轻易地进行快速迭代。

生成算法实际上是在模仿大自然中生物的生长机制和进化法则。计算机软件可以模拟大自然的进化法则，大大缩短了设计方案迭代的时间。在空间设计中，我们运用模拟自然的工具——Grasshopper 软件的算法，生成多路径的不同变化，并对这些结果进行迭代选择，成功地模拟了生物优胜劣汰的进化法则，从而为我们提供整个进化与迭代的设计过程。特别是人工智能时代，在整个设计过程中决策比任何事情都重要，设计就是决策，只要能够引入更多的变易参数，就能产生更多类型，也能够有更多迭代的可能性。通过算法学习以及比较，我们可以对无穷无尽的造型进行迭代。所以，设计师只要将大自然作为设计灵感来源，运用计算机技术压缩生物进化的时间，就能更好地提升建筑室内设计的品质。

因此，计算机技术的应用使得我们能够更好地模拟自然，并帮助我们在实际建造过程中减少材料使用，增加对结构合理性的推测和对建造成本的测算，从而实现优化建造的目的。在建筑室内设计中，这些技术可以被用来产生更多类型和形态，使得设计过程更加简单高效，并具有可持续性。总之，计算机技术的引入可以大大提高人类的智慧水平，帮助我们更好地理解自然，为我们的生活和工作带来更多的创新和发展。

算法研究和几何研究并不是割裂的。例如，递归算法（Recursive Algorithm）的形式结果就是分形几何（Fractal Geometry）。

在人类历史长河之中，抽象艰深的几何理论只能被极少数的职业数学家所掌握，许多深刻的概念和定理只能被数学家所透彻领悟和审美。现代教育虽然有所改善，但是许多基本的概念，例如黎曼度量、上同调群、域的超越扩张，依然只能被专家所理解和使用。计算机技术的发展使得抽象的几何理论可以被转化为算法程序，人们即便无法理解艰深的理论，也能直接使用和感受。随着自然语言编程计算机软件的发展，任何高深理论都会变成简单易懂的道理，计算机将几何理论请出象牙塔，在社会实践中真正发挥它的巨大威力。

目前，纯粹数学和计算机科学是两个分立的领域，一般人几乎很难跨越两个领域。两个领域的哲学思想、训练技巧、价值观念、生态环境有着天壤之别，这进一步割裂了它们之间的内在联系。但是，几何计算化顺应时代的洪流正在悄悄而坚定地发展中，生机勃勃，势不可挡。我坚信历史潮流浩浩荡荡，几何计算机化必将改变建筑行业和设计行业，改变人类文明的进程……

上一章的案例显示，我们使用自然元素作为形式灵感的来源，通过数学的方法来寻找一种合理的途径，把数学的规则和方程与建筑的造型构造原理结合在一起，超越了普通的设计思路。这种创新超越了简单的模仿，数学逻辑不代表人的意志，而代表大自然的意志；它运用最优化、最短、最省的语言，结合了结构、材料、类型、构造等客观因素，总体地解决了建筑室内设计问题，使得整个设计逻辑可以更好地达到与自然和生物同质同构的目的，也就是我们中国人所说的“道法自然”的理想。

3. 几何图形的逻辑

(1) 图形的思考

我们知道微积分的运算实际是通过一系列的公式符号把整个思维链条组成了一个由 a 及 b 的连贯的思维流程。这里的重点是如何用数的形式来对整个世界的事物进行运算、推导以及概括。

我提出一个理念——公式不重要，原理更加重要。所以本书对公式只是简单地提一下，最主要是阐明原理。数学微积分的推导有点像飞机的组装，其实整个流程可以清晰地、可溯源地串起来。什么时候做机身？什么时候安装机翼？什么时候装发动机？什么时候装尾翼？这个过程就像一根链条，一环紧扣一环。

数学的归纳和推理其实是非常清晰的，它可以分步骤地展现在人们面前，但是图形不是。我们的设计都是从图形开始的，图形里面既带着功能，又带着意义，也带着精神。

图形带给人的是一刹那的整体的感觉，这和微积分的层层推导、一步一步的进展、分步骤的展现，给人的感受是不一样的。一刹那就把所有的东西都端到你的眼前了，瞬间涌入巨大的信息量。在理解上，图形还是会有一些次序上的推进过程的，这就需要人在阅读的时候慢慢去理解这个图形的第一层意思、第二层意思、第三层意思……但是这只能通过其他的手段来对它进行解释或者提示、暗示。几何学为图形的理解和解读提供了一个脚手架的作用。

(2) 图形的处理

基本形是设计的一个重要出发点，基本形和设计存在着内在的简单逻辑关系。设计的基本形包括起始和理想的几何形状。基本形具有稳定、永恒、可复制的特点，同时其图形逻辑具有以下几个特点。

A. 可复制：生物学系统里，图形以可复制的形式存在，这使我们可以猜测尚未出现的部分，而且具有产生新的变化的可能性。这些图形所包含的意义可以通过复制和变异传递下去，从而在生物进化过程中发挥着重要的作用。

B. 连续的图形可以循环变化，通过严谨而有规律的复制以达到受控制的状态。例如古典舞中舞蹈者的身体，会形成随机而又连续的图形，这些图形根植于舞蹈的内在逻辑之中。

C. 组织展现出浓厚的对称性，通过简单的操作——折叠、分化、旋转、平移、反射，制造出看似无穷无尽的图形组合。

D. 对称性：对称的图案可以创造出复杂、精致、丰富的图形，但是受限于其内在系统的局限性，这些图案在视觉上虽然非常丰富和复杂，却缺乏扩展和进化的可能性，不能形成新的风格。这也是银行等机构在建筑设计中特别喜欢使用对称图案的原因。

E. 网格：这是现代主义最普遍使用的图形。网格在现代绘画中的重要性不亚于过去绘画里中的对称。现代主义充分发掘网格的所有潜力，使之达到数学和审美的极限。

F. 波普艺术（对对称的反动）：室内设计通过对图形的变异，可以创造出让人的心理产生互动效果的图案。

G. 图形的内涵：选择目前流行的图案能够使项目更具有时尚感，比如范思哲的标志如果应用于建筑设计中，需要去除冗繁多余的部分，以保留空间让图案承载更多的功能。

H. 图形的杂糅：重组历史元素符号，并将其重新排列组合以实现不同的功能，这是一种常见的设计方法。日本建筑师青木淳设计的位于东京银座的路易威登商店项目，就是一个很好的例子。在这个项目中，图形被打破并重新排列组合，以创造出“瞬息即逝”的视觉效果。图形在设计过程中被不断调整，向“动态平衡”的方向发展。

4. 几何图形的意义

几何图形的意义是什么？这是一个非常难回答的问题。图形首先要进行复制，而后在复制过程中产生感动，这样意义便诞生了。意义的产生让图形超越人性而具有神性。

在微积分的概念里有一个最小作用量原理，也就是费马所提到的，大自然是用最小、最优、最节省的方式来进行思考的。这种“最”代表着有限，有限是意义的第一属性。

意义的第二属性是逻辑。逻辑让你能够在过程中预见可能会发生的结果，在某件事情出现之前就能想象到其可能的影响，具有预见性。这实际上是人希望能够掌控事物并成为神的一种强烈愿望。

感动是人在预见的过程中产生的一种反应，它属于第二性。所以我始终认为图形的意义主要体现在三个方面：第一，图形具有逻辑性，能够让人在预见过程中理解其内在规律；第二，图形能够被传递，具有传递性；第三，图形在结构上具有永恒性，能够跟天空等大自然元素产生关联，与自然同构——只有符合自然规律的逻辑才具有真正的永恒性。

此外，图形的冗余度也是产生意义的重要因素，就像神经元在高度复杂而紧张的空间中还能够建立复杂的联系并刺激不相协调的领域之间的联系，产生协同作用。高频、高饱和度是产生冗余度的前提条件，冗余度能够让人跨越不同领域，形成一个整体，并让人跨越性地预见整体。

5. 设计理念的算法程序

数学发展的历史是从几何到代数到微积分，再到微分几何。人类数学的发展从图形到数字，最后又把图形和数字结合在一起。这期间矢量化的概念是非常重要的，它在代数以及纯数的研究中占有非常根本的地位。从物理角度来讲，矢量化的概念继承了纯抽象数量之间关系来打造整个物理学的原理。比如麦克斯韦尔方程式，它是通过发现不同事物之间数量的联系，来理解整个宇宙。

显然，建筑室内设计行业在现代化和数字化的过程中还有很多地方有待提升。我们现在的建造可能会用到数字建造，但是我们的设计理念其实还停留在一个非常不确定的状态，没有准确的、有数字和图形参与的设计原理或理论。显然我们对图形之间的逻辑关系以及数字之间的逻辑关系，都没有可以进行量化的精确的规律。

我们通过大自然中的形与数之间的联系，来分析大自然所包含的美和奥秘。对大自然进行创作的规律性语言进行分析和模仿，可以得出更多对设计有帮助的理念。在下一章中我们会了解树木生长的过程，从而得知生长机制整体的运行原理和树木呈几何级分形的生长方法。这一切都和结构与自承重等各方面因素有关，有内在的力学和数学上的需求。

同样通过对海洋生物鹦鹉螺生长过程的了解，我们可以利用 NURBS 曲线的节点变化来控制形态的变化。我们可以通过网络化的整体来不断调整节点变化，从而创造出更多的迭代可能性。使用 Grasshopper 软件的脚本设置，可以制定形态变化的规则，包括单规律或双规律，以便实现更多的迭代与变化。就像自然对生物进化选择产生影响一样，我们也可以人为制造产生更多可能性。这个过程可以应用于建筑室内设计中，通过有限元分析来优化建筑室内的造型，通过迭代和边界分析，将整个过程可视化等等。这些方法结合了人类的智慧和自然生长规律，是数字时代的新发展方向，也是推动我们的创造力发展的有效手段。

在当前的设计思考中，有两个主要的方向：可持续发展和数字化。这里有一个少有人涉及的话题，即设计理念的数学逻辑化。在这里，我想探讨的是设计理念的数学逻辑化，而非仅仅是数字化建造。

通过运用数学的方法对大自然内在规律的分析与研究，我们能够找到未来设计的发展方向。在计算机广泛应用的时代，我们还要对计算机软件的原理与构成进行一些深入的理解，这样可以将更多的数学原理嵌入其中。将来人工智能大行其道之时，设计理念上的数理逻辑一定是最先被关注与运用的领域之一。

10

分形的数学原理

一棵树、一条海岸线、一朵云或一根血管，它们有什么共同点？乍一看，似乎没有任何东西能将它们联系起来。然而事实上，这些对象都有一个固定的结构属性：它们是自相似的。我们在大自然中发现许多事物从整体到细节都存在着相似的结构，比如树木的主干和分支，比如不断地掰下西兰花上更小的菜花，这些小菜花依旧和整体相似。不仅植物，河流、闪电都有类似的结构。人体的循环系统也是一样，从动脉、静脉，到最小的毛细血管，比例缩放后都是相似的。再看海岸卫星图像，能看到海湾和半岛的相似性，也就是说，规模越来越大的海岸线仍然与自身相似。只借助两个操作：复制和缩放，就可以从相对简单的结构中获得具有无限美感和多样性的图形集。

这就是数学中被称为分形的图形。fractal（分形）这个词来源于拉丁语 fractus（碎片）。分形几何是可以用来描述自然界中的不规则形状的几何学，分形具有无限细节、无限长度和不光滑的特征。

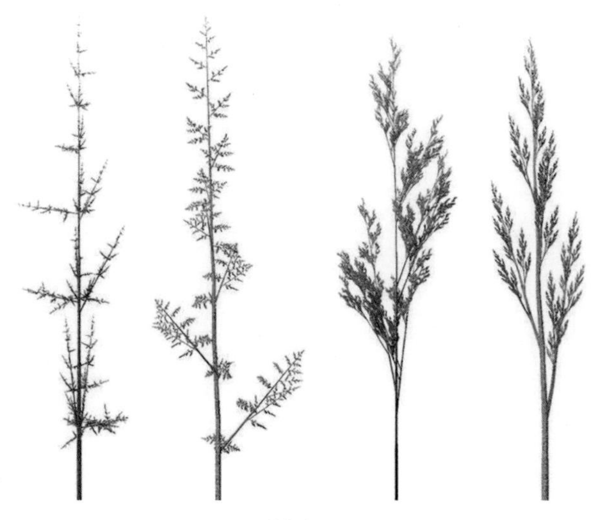

植物分形

毕达哥拉斯树的几何分形

《道德经》中说“道生一，一生二，二生三，三生万物”，佛教也有“须弥那芥子，芥子纳须弥”之说，东方哲学思想的宇宙观中天然存在着分形学中的自相似与极限的概念。在建筑和室内设计中，我们经常有“一个设计运用了相同母题元素”这一说，其实这也是分形概念在建筑室内设计中的衍生。

科学家曼德勃罗意识到分形系统的共同之处在于不管把它放大多少倍，它的结构始终保持相似。曼德勃罗与其说是一位数学家，不如说是一位哲学家，他前无古人地分析了分形的共同性质：它们都具有自相似性，这种自相似性并非统计意义上的，而是像是一种基因或者一个程序，可以将自己的密码传递给整体以及整体下的各个细节。神秘优美的分形将数学、哲学、艺术交汇在一起，而这个交汇点便是公式 $Z(n+1)=Z(n)^2+C$。这是一个迭代公式，人们称之为“上帝的指纹”。分形学并不是纯粹数学，具有很多应用价值，涉及自然科学、工程、技术、生物、社会、经济、文化、艺术等诸多领域。

分形有哪些种类？在观察分形时，我们会看到它们之间有很多不同之处。这些差异不仅体现在构成分形的图形形状上，而且表现在这些集合的表现形式上。几何分形、代数分形和随机分形是有区别的。通过递归过程构建的分形，是我们最熟悉的分形类型。它们基于某种几何图形，通过分割图形的部分并对其进行转

英国格洛斯特大教堂天花的几何分形

换而构建。这种分形是在数学公式的基础上构建起来的，但在构建过程中，其中的参数是随机变化的。这导致奇异形式的出现，而这种形式与自然形式非常相似。与几何分形和一些代数分形不同的是随机分形，它们只能使用计算机构建。随机分形的图形可能是奇怪且不对称的。

自然界的分形自有其独特的精妙之处。分形可以由简单规律生成复杂形态，可以把复杂的无序与结构的有序结合在一起，从而达到超越原本图形的效果。

毕达哥拉斯树和教堂的室内装饰是集合分形最简单的两个例子。

11

科赫曲线

1904 年，瑞典数学家海里格·冯·科赫（Helge von Koch）发现了一种具有分形性质的曲线，命名为科赫分形曲线。

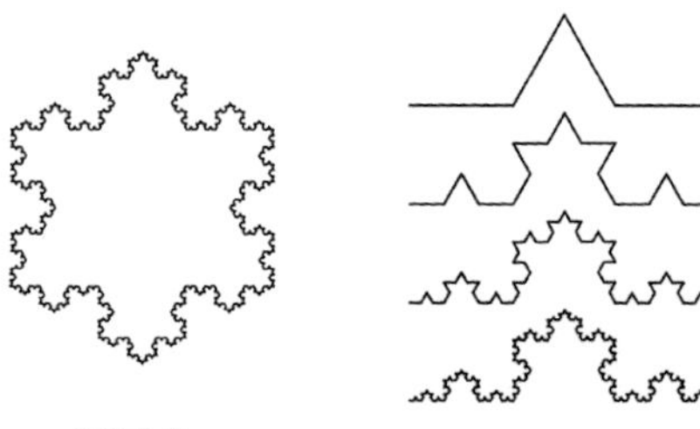

科赫曲线

这种曲线的一种变体被称为“科赫雪花”。科赫写了一篇论文，介绍了科赫分形曲线这种连续而无切线，可由初等几何构成的曲线。文中对将科赫曲线称为“病态”曲线，并将其定义为：一条一系列不断增加褶皱的曲线的连接线，最终是一条无限长的曲线，但存在于有限的空间内。“病态”曲线具有共同的特征：一、曲线上的任何线条都是不平滑的。二、任意两点之间的曲线长度无穷大。这就产生了一个匪夷所思的悖论，无限的边界包围着有限的面积。海岸线是不可测的，测量出的长度取决于我们所用的测量工具的尺度。工具越精细，海岸线越长。不仅海岸线，即便是我们随手撕下的一片纸，它的撕裂面也符合科赫曲线原理，面积有限却有无限的周长。

科赫曲线经过 n 次变换后的面积可以形成数列 S_1，S_2，…，S_n，…经简单计算可给出 S_n 的通项公式：

$$\lim_{n\to\infty} s_n=\lim_{n\to\infty}\left[\frac{8}{5}-\frac{3}{5}\left(\frac{4}{9}\right)^{n-1}\right]=\frac{8}{5}$$

证明：$\forall_{\varepsilon}>0$，取 $N=\left[\log_{\frac{4}{9}}\frac{5}{3}\varepsilon+1\right]$，当 $n>N$ 时，有

$$\left|s_n-\frac{8}{5}\right|=\left|\frac{8}{5}-\frac{3}{5}\left(\frac{4}{9}\right)^{n-1}-\frac{8}{5}\right|<\varepsilon$$

所以 $\lim\limits_{n\to\infty} s_n = \frac{8}{5}$

$$S_n = \frac{8}{5} - \frac{3}{5}\left(\frac{4}{9}\right)^{n-1}$$

下面用数列极限的定义证明科赫雪花的面积为 8/5，即：

$$\lim_{n\to\infty} S_n = \frac{8}{5}$$

$$\lim_{n\to\infty} L_n = \lim_{n\to\infty}\left(\frac{4}{3}\right)^{n-1} L_1 = +\infty$$

$$s_n = s_{n-1} + 3 \cdot 4^{n-2} \cdot \left(\frac{1}{9}\right)^{n-1}$$

于是得出结论 1：科赫雪花的面积是有限的。

接下来我们再计算科赫雪花的周长：

显然，随着 n 的增加，L_n 不趋近于任何给定的常数。因此，周长所形成的数列 $\{L_n\}$ 是发散的。由于随着 n 的增加，L_n 越来越大，所以我们也称数列 $\{L_n\}$ 的极限为无穷大，记为

$$\lim_{n\to\infty} L_n = \lim_{n\to\infty}\left(\frac{4}{3}\right)^{n-1} L_1 = +\infty$$

设初始正三角的周长 L_1，则此后的周长分别为 $L_2 = \frac{4}{3} L_1$

$$L_3 = \left(\frac{4}{3}\right)^2 L_1,\ L_4 = \left(\frac{4}{3}\right)^3 L_1,\ \cdots,\ L_n = \left(\frac{4}{3}\right)^{n-1} L_1$$

于是得出结论 2：科赫雪花的周长是无限的。

科赫曲线不断曲折的过程，属于数学理论中的迭代。迭代是重复反馈过程的一种活动，其目的通常是为了接近或达到所需的目标和结果。对过程重复一次被称为一次迭代，而每一次迭代得到的结果，都会被当作下一次迭代的初始值。在科赫曲线的构造过程中，第二步得到的折线尤其重要，被称为科赫曲线的生成子。以后的每一步都在前面一步所得到折线的基础上发展而成，折线中的每一段直线均由折线块的缩小版来替代。尽管科赫曲线看上去非常复杂，但其构造确实很有规律，是通过无限递归的方法构造的。科赫雪花逐渐细微，曲折复杂，以至无穷。许多看似深奥的数学现象，实际上都极为简明而有趣。

案例：
日本长崎的木结构小教堂

在我看来，雪花虽有复杂的形态，但它却是由简单的规律产生的，所以是有序和无序的结合体。分形是以大自然中的不规则几何形状为研究对象的几何学，是一种描绘大自然的数学语言，每个具备基础数学知识的人，都能利用分形学这一强有力的工具，解决一些常规方法无法解决的问题。比如想要将室内环境设计成一个有大自然特征的复杂结构，就可以借助分形学原理。当然还有好多运用场景，分形学可以对建筑室内设计产生较大的推动作用，主要表现在如下几个方面。

第一，自然中的一切都有分形几何的影子，不管是山川地貌，还是人体。而且越细微的事物，分形就越丰富。

第二，分形的自相似原则使得任何尺度的室内设计，都具有潜在的从属于更高尺度空间的特点，不论是从建筑到室内，还是从家具到平面图形，都能形成层层叠叠的分形几何形式的设计。

第三，分形学原理的核心价值在于用简单的程序导出复杂的图形，通过分形学可以高效率且低成本地解决室内设计中的很多问题。它并不局限于设计的表达，而是一以贯之地抓住问题的关键点，提出解决问题的程序，从宏观到微观，逐步解决所有的问题。

Agri Chapel 是位于日本九州长崎市的一座木质结构教堂，由日本百枝优建筑设计事务所设计。该教堂具有分形结构特征，周围环绕着可以俯瞰大海的大型国家公园。设计师试图将教堂与自然环境无缝地连接起来。分形学概念在这里被应用，从大到小的分形设计取代了相似性。设计师从历史中寻找线索，并将这些线索通过分形体现在室内设计中。这是数学概念在设计中的一个具体运用案例。

在长崎，这个小教堂是一个著名的旅游景点。设计师通过在建筑物中引入树状形式，来表达“森林”的元素和概念。设计师以简单的树枝形状堆叠木柱，这种基于自然支持系统的模仿树木分形原理的设计，产生了很好的效果。节节上升的对称图案遍布在光线充足的室内空间里，给人一种特别的观感享受。从外部看，白色的墙体现代简约，内部的枝干仿佛延伸到教堂中部的落地玻璃外，与周边的自然环境相呼应。

建筑师采用了传统的日本木结构系统，来打造这座新哥特式的教堂。他的构

Agri Chapal 教堂室内

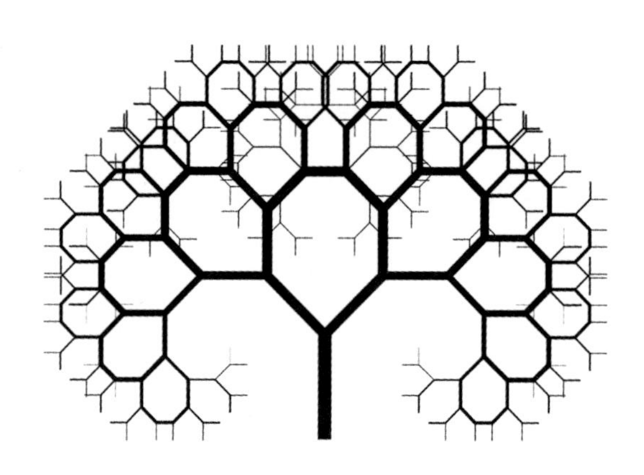

分形树

思是创建一个类似于树状的结构，从屋顶一直往下延伸，通过顶部的树状结构将力分散成三个层次传递到地面。在具体的设计步骤上，设计师通过堆叠一个树状单元来实现三个结构构架层层收分，并通过等比例收缩和向上延伸来创建一个垂直的圆顶。第二层由四个 120mm 方形柱单元开始，由八个 90mm 方形柱单元组成。

最上层由十六个 60mm 方形柱单元组成。设计师采用了减少靠近外侧承重墙

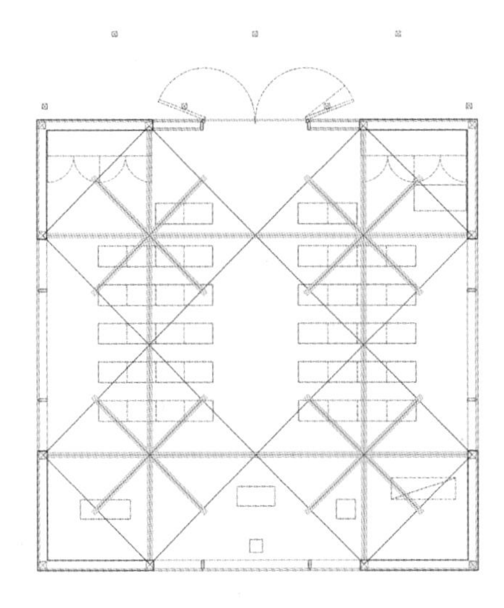

Agri Chapal 教堂平面图

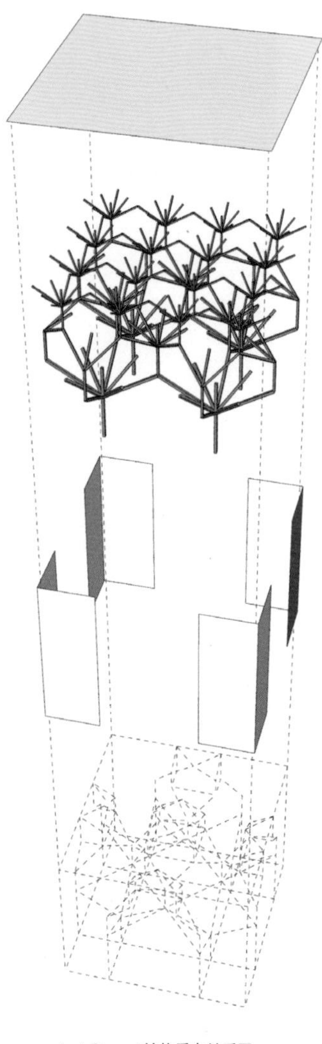

树枝形状结构

Agri Chapal 结构受力关系图

的树枝状木质造型的手法，以提供更多可用的开放空间。这些树状单元是采用了日本的木制系统建造而成的。每一层都旋转了 45° ，这样整个屋面的荷载就沿着木结构的构造从顶部一层一层传递到地面，既减少了地面柱子的占地面积，又通过柱子对空间的重新塑造，形成中殿和侧走廊之间的关系，这和哥特式建筑的内部空间是非常相像的。木结构能够承受整个屋顶 25 吨的荷载，而建筑的四个角仅用于稳定水平的推力，起到平衡作用。这种设计手法与我们介绍的其他几个项目

Agri Chapal 教堂室外

Agri Chapal 教堂室内

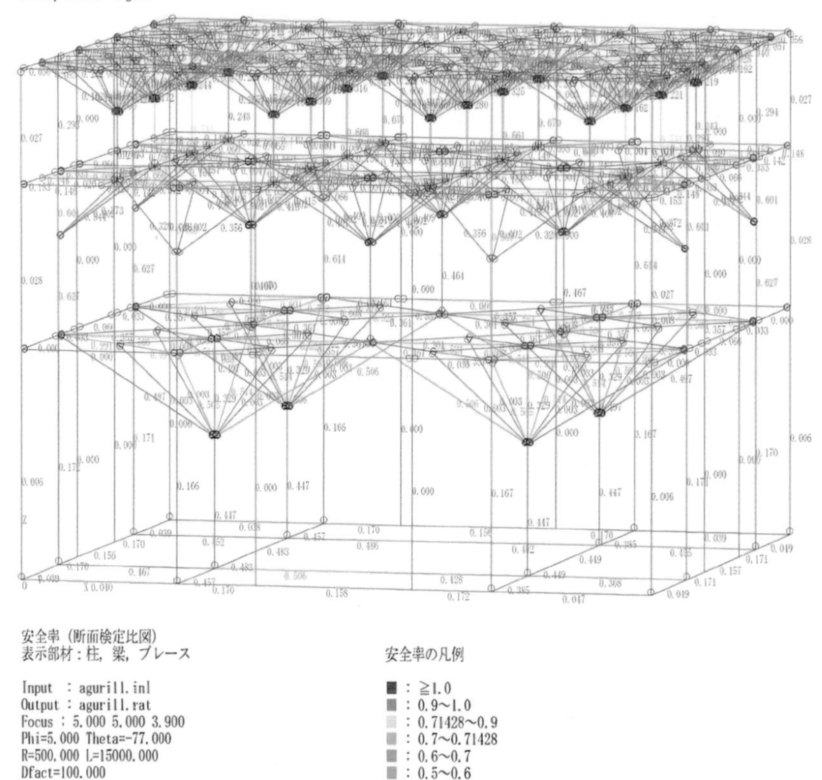

Agri Chapal 教堂结构受力分析

的手法有着异曲同工之妙。在这个木制小教堂中，我们可以看到如下几个特征：干净有层次的节奏感；木质结构与自然相协调，很好地呼应了自然环境；分形造型给人一种节节上升的感觉，有一种向上升腾的力量，符合教堂的氛围感。我曾咨询百枝优建筑设计事务所的建筑师，他告诉我这个教堂设计不是简单的分形造型装饰，而是从建筑结构受力角度出发，运用分形原理打造一个真正的受力平衡结构。教堂的设计体现了自然生成的分形几何学中所产生的力的传导作用，是一个真正的分形设计。因此，这座教堂并非只是在外观上做了分形的修饰，更重要的是在内部的结构设计上，充分考虑了分形原理对于受力平衡的影响，打造出了一种完美的结构体系。

12

谢尔宾斯基三角

谈到分形，我们不得不提起谢尔宾斯基三角，因为这个图形对于建筑室内设计极为重要。由一个正三角形开始，挖去一个“中心三角形”（即以原三角形各边的中点为顶点的三角形），然后在剩下的小三角形中再挖去它们的“中心三角形”。用黑色三角形代表挖去的面积，白色三角形代表剩下的面积，最终形成谢尔宾斯基三角形。如果用上面的方法无限地挖下去，则谢尔宾斯基三角形的面积趋近于零，而它的周长趋近于无限大。

从传统的观念来看，空间维度通常只能是整数。这个观念已经深深地根植于人们的思维中。然而，若想将维度推广到分数，就需要重新审视维度的概念。分形维度，例如科赫曲线和谢尔宾斯基三角形，似乎具有介于一维和二维之间的维度。这种介于一维和二维之间的维度对于我们来说是超乎想象的。但分形的存在已经被数学家所证实，并在扩展有限和无限空间的维度发挥着关键的作用。

从数学上来看，自相似性是形成分形结构的关键所在。如果某个形状是由更小的相同形状组成的，那么这个形状就具有自相似性。我们看看谢尔宾斯基三角。

谢尔宾斯基三角

若设操作次数为 n（每挖去一次中心三角形算一次操作），则剩余三角形的面积公式为：$\frac{3^n}{4^n}$。

将边长为 1 的等边三角形均分成四个小等边三角形，去掉中间一个，然后再对剩下的每个小等边三角形进行相同的操作……这样的操作不断继续下去直到无穷，最终所得的极限图形被称为谢尔宾斯基垫片。谢尔宾斯基垫片的面积趋于零，而小图形的数目趋于无穷，作为小图形的边的线段数目趋于无穷。操作 n 次后，边长 r=(1/2)n，三角形个数 N(r)=3n。根据公式 N(r)=1/rD，3n=2Dr，D=ln3/ln2=1.585。所以谢尔宾斯基垫片的维度数是 1.585，介于在 1 和 2 之间，不是一个整数。这个分形维度数表示的是建构分形时所用形状的个数与形状大小之间的关系。

分形是一种数学的抽象概念，而具有分形图案的雪花等是真实存在的事物。尽管抽象与真实之间是不同的，但是我们可以惊讶地发现，所有的分形几何都存在一些内在的逻辑，而且这个逻辑可以通过数学公式表达出来，有助于对我们所从事的数与形的工作进行研究。因此我们可以花费大量的时间来理解、分析、利用以及创造各种图形。

2018 年我去印度参观了斋浦尔周边的月亮水井，这个被称为“倒扣过来的金字塔”的古代取水口和我们所说的分形有几分相似。那天已接近黄昏，夕阳投射在月亮水井上，给人一种韵律和节奏之美。想象在一千二百年前，古代印度人为了取水，把整个的工程建造得如此恢宏漂亮，所有的阶梯都是大理石的，在这座水井中能窥见古印度高度的文明与智慧。三千五百多级阶梯呈几何形状排列，在千年的岁月洗礼下依旧没有荒废，足以见得当时工艺的精湛。

月亮水井是印度非常著名的景点，它的名气可以跟泰姬陵相提并论。这个水井有非常重要的实际功能，因为它所属的拉贾斯坦邦是印度北部非常典型的半干旱地区，干旱是当地人们最大的天敌；而且每年这里只有一个季节会有相对较多的雨水，剩下的 9 个月几乎没有降水。为了解决人们的用水问题，这么一个巨大的水井应运而生，一千两百多年来为附近的居民提供了宝贵的水资源。

一级级台阶呈梯字形往下延伸，每级台阶的构造与又与整个水井的断面相吻合，形成了层层叠叠的成比例的数学韵律感。这和分形的原理特别相像，整体里面的所有的细节与整体保持一种成比例的相似，让人觉得整个形体从有限到无限，

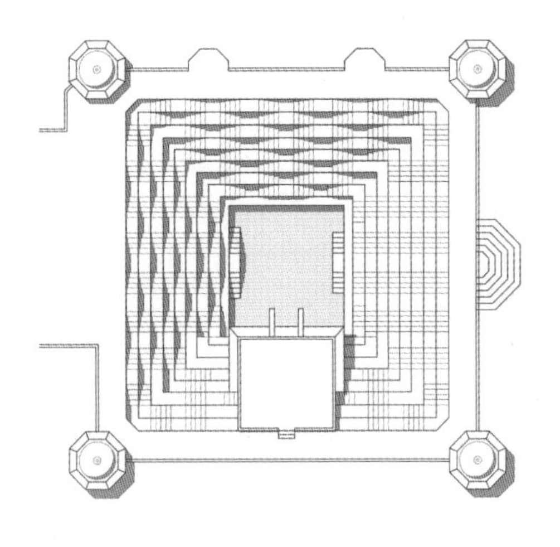

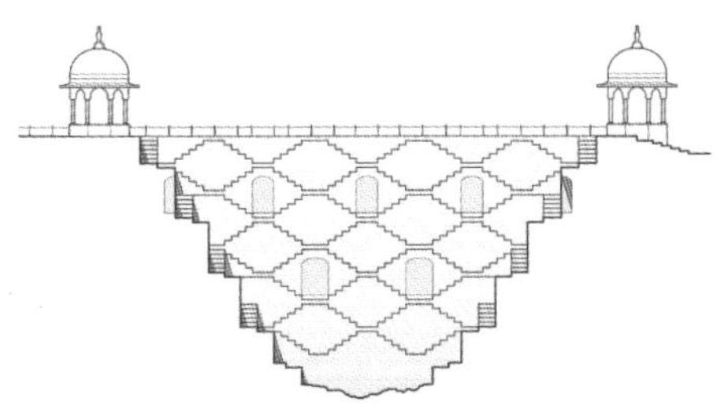

月亮水井平面、剖面

月亮水井

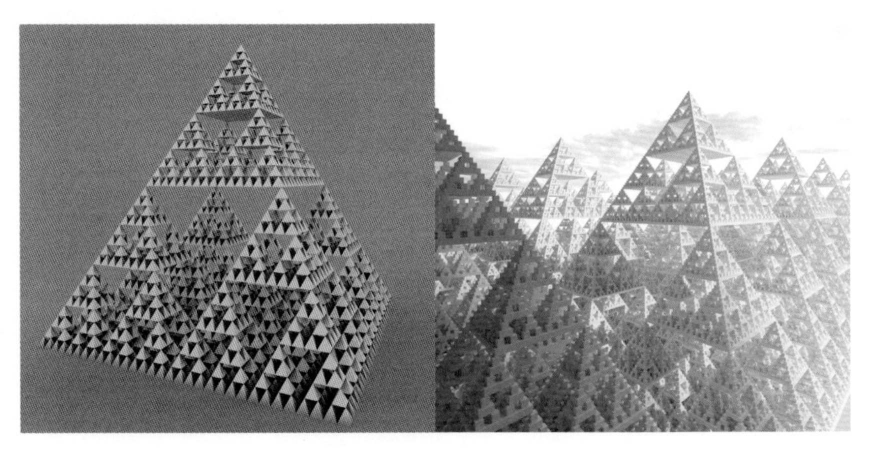

谢尔宾斯基三角立体造型

每个细节都能让人看到整体的完美性。一千两百多年来周边居民在使用月亮水井的同时，能够看到生活场景与数学所共同构建的建筑之美。

分形几何在我们的生活中有着广泛的应用。电影工业中的经典作品，如《未来世界》和《阿凡达》就使用了分形几何的原理来构建未来世界的场景。在描绘自然场景时，制作者们往往会面临描绘云、植物、自然灾害等事物时的生硬、不真实的问题。然而，引入了分形几何之后，使用随机分形原理来描绘这些事物，就能使它们看起来更加真实和自然。

我们之前谈到的每一个数学定理中，都蕴含着从数到形的完整体系。但是引入分形以后，它就变成了一个从大到小、从宏观到微观的系统，具有自相似性。这个规律不仅出现在自然界的云、海岸线和植物花叶等方面，随着太空望远镜的更新换代，在对宇宙深处进行眺望时，人们发现宇宙中很多星系的构成也体现了分形原理。所以在未来建筑的设计中，如果人类将来要在月球、火星等地建造永久性建筑物，那么合理应用分形原理的设计是比较适合的。如果要建造太空站或者未来人造新居住星球，谢尔宾斯基三角的立体三维结构具有天然的未来感，符合宇宙存在的法则。与地球上向外的分形几何不同，这些形体是向内分形的，因此可以通过它们来体验如何在有限的空间内创造一种无限的感觉。这和微积分中使用无限概念来解决有限问题的方法非常相似，因为它们都在不可能与可能之间架起了一座桥梁。

案例：
印度国家厅

拉吉·雷瓦尔（Raj Rewal）设计的印度国家厅曾经是德里天际线的骄傲。该建筑建于 1972 年，将印度的历史与现代野心融合在一起。我查了雷瓦尔的事务所对这个项目的介绍，发现其中并没有提到此建筑采用分形几何的构思。然而，考虑到印度人对数学的理解具有很高的天赋，他们的设计中会不可避免地带有数学的基因，所以我认为在整个建筑中有和谢尔宾斯基三角特别相似的构思。建筑中能看到整个形体的比例关系和每个结构构件与整体之间的关系，也能看到内部空间与外部空间之间的联系，总之能感觉到分形几何的影子。建筑师雷瓦尔对印度教神庙建筑赞赏有加，他认为印度教神庙的神秘感和空间构成给建筑师带来的灵感是源源不断的，“一千个人心中有一千个哈姆雷特”，每个人从神庙中得到的启发也各不相同。曼陀罗也是印度教传统文化中的一个非常重要的主题。

月亮水井中的一些元素，以及在其他建筑中可以看到的一些空间构成的元素，其实都来源于印度教中的曼陀罗图形。

这种图形具有内向的稳定结构。和分形的几何特点非常相像，它也可以在一个有限的平面里产生无穷往下细分的变化。在印度国家厅的设计里可以看到整个结构与曼陀罗图形、月亮水井的图形之间的关联性。

印度国家厅的主要空间跨度有 78m，高度从 3m 到 21m 不等，为展示物品提供了巨大的空间。设计师采用分形的造型原理，把巨大的结构部件分解成若干个小单元。虽然这种类型的结构构件是在工厂内用钢铁和预制混凝土建造的，还只是印度传统技术的一个表现，在当时也不是最先进的技术和工艺，只能算工业生产的“中级技术”作品，但今天来看它在设计理念和类型上的独到之处，还是值得称道的。

拉吉·雷瓦尔的印度国家厅设计和分形原理非常相似。其中包括几个方面的特点。第一，整个形体的规律是使用了把每一个面、每一条线段都通过同样的操作手法，无穷往下拓展，使其具有自相似性并保持统一的缩小比例向内拓展。第二，空间结构与分形几何结构相吻合，没有多余的元素，完全按照整个形体的自身逻辑往下发展。第三，结构受力构件与造型元素完美地统一在一起。这一点和之前提到的微积分最小作用量原理非常相似，即所有的力和形态是一个统一体，任何

印度国家厅外观

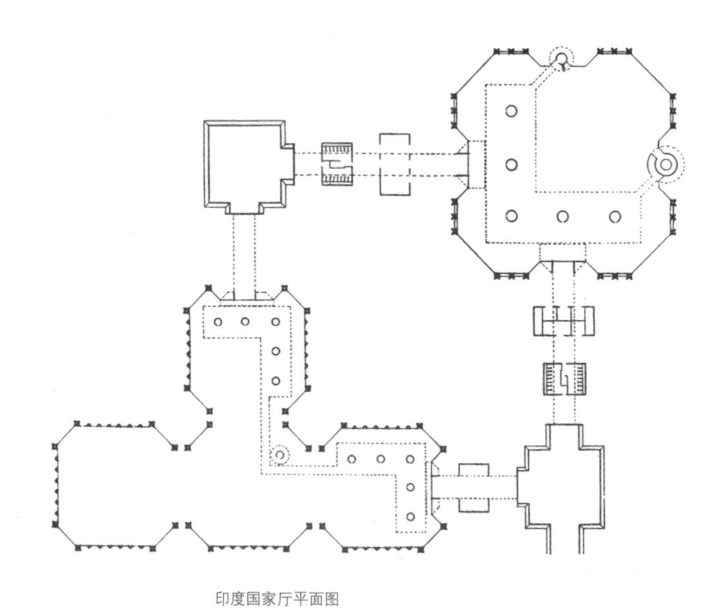

印度国家厅平面图

印度国家厅结构局部

印度国家厅结构局部

印度国家厅中心外观细部

事物的构建都应该是自然而然发生的，而不应为了某一个节外生枝的需求而发生。需求必须很统一地作用于整个空间中。

因此看到这个作品以后，不难联想到印度人对数学的敏感，并联想到他们在一千二百多年前在斋浦尔边的月亮水井所体现出的分形几何的韵律美。分形之美在拉吉·雷瓦尔的这个建筑作品中也得到了体现，可见古今建筑有异曲同工之妙。

13

分形设计和艺术

1982 年，曼德布洛特[1]的著作《自然分形几何》出版。作者在书中系统化地收集了几乎所有关于分形的信息，并以一种简单易懂的方式呈现出来。书中主要强调的不是公式和数学结构，而是读者的几何直觉。

与传统数学不同的分形几何，将数学之美通过图形直接地展现在人们面前，让人们赏心悦目地从视觉上欣赏数学的内在美。分形图形可以用一些简单函数的迭代，通过计算机绘制出来，这样，爱好者也能绘制出漂亮的分形图形。大量的分形制作软件也已被开发出来，让人能尽情绘制数学之美。计算机绘制的分形图案成为一种新的艺术形式。

随着计算机技术的飞速发展，现在已有 Fractint、Ultra Fractal、Fractal 等分形软件，它们对分形理论起到了巨大的推动作用。Auto CAD 是现在广泛使用的绘图工具，具有广泛的适用性，虽然不属于分形软件，但其中的块 Block 命令应用，可以使图形中的块按照迭代的方式产生多重分形。当然 Auto CAD 并不能像其他分形软件一样，输入简单的数据就产生复杂的分形图案。在 Auto CAD 中绘制分形需要绘制者密切参与，绘制第二步生成子这一分形指纹。

分形绘画甚至是艺术作用的一个完整的方向。几乎任何电脑爱好者都可以自行绘制分形绘画。现在在互联网上可以轻松找到许多专门讨论此主题的网站。

分形艺术是科学与艺术的完美结合。对科学有关注的艺术家开始以分形为手段，用计算机绘图创造无与伦比美妙的艺术作品，使艺术走向科学。比如著名的珠宝设计师马克·纽森为珠宝公司宝仕龙设计了一款项链——茹利亚项链，其灵感就来自著名的茹利亚分形集，这是一种随机分形几何。他用 2000 颗精选的钻

1 曼德布洛特（Benoit Mandelbrot，1924—2010），美国数学家、博学家，对实用科学有着广泛的研究。他热衷于研究物理现象的“粗糙艺术”和“生活中不受控制的元素”，并且将自己称为“分形主义者”，因其对分形几何学领域的贡献而受到认可。

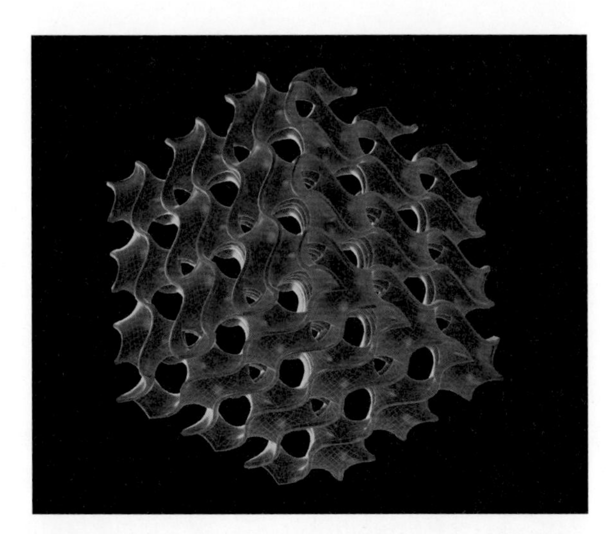

最小曲面分形

几何分形

茹利亚分形集

石和蓝宝石精准细腻地排列出大大小小的漩涡，从浅到深的各色宝石堆建出整体的层次感，极富视觉冲击力。这是分形设计的经典案例之一。

最小曲面是肥皂膜的数学模型——忽略重力和其他一些物理现象影响的简化版本。最小曲面中的小块面也具有无限延展的功能，是分形几何中的一个类型。

14

所有复杂系统都有分形和幂指数的影子

把西兰花分成几个小块，每个小块看起来都是按比例缩小的原版；再把它分得更小，也会看到按等比例缩小的西兰花，这就是分形。一棵树从树干到树枝都维持着相似的形态，半径以 $\sqrt{2}$ 的比例进行缩小。这些生物个体内部的网络是根据简单的幂律法则进行缩放的，这就是生物之间的联系。

据说，股票市场的曲线也是一个自相似的分形几何，它每一个时段里所产生的指数与利率图形的分形维度是具有自相似性的。

绘画、音乐中分形维度的高低，是一个画家或音乐家的作品有没有力度的重要表现。杰克逊·波洛克的画作可以用分形维度来辨别真伪。如果一个作家的作品特别有生命力，那么它的分形维度也高。

人们说心脏健康，其实不是心电图越平缓越好，而是它的分形维度越高，心脏越有活力。从代谢率的变化可以了解到生物普遍的比例关系（克莱伯[1]定律），这个比例关系与分形有关，与整个系统的网络特征有关。

通过这个理论，我们可以推导出许多有关生命的结论，并可以预测细胞维持生长的代谢能量分配。生物刚诞生时，几乎所有的能量都用于生长，而维护的能量较少；等个体成熟以后，全部的能量又用于维护、修复和更替。受到某些数学和物理规律的影响，几乎所有哺乳类动物一生的心跳总次数大致是相同的，一般平均在 15 亿次左右。

衰老是不可逆的，所有衰老的起源都是磨损，这一过程无法避免，就像熵增一样。我们如何进行高效的能量代谢和物质代谢？人体的熵是以排泄和耗散的形

1 克莱伯（Max Kleiber，1893—1976），瑞典动物学家，测量了一系列动物的代谢率，发现代谢率跟动物体重直接相关，即与体重的 3/4 次幂成正比。这个幂律关系后来被称为克莱伯定律（Kleiber's law）。他的两百多篇研究为他赢得了“动物营养和新陈代谢领导者”的称号。

西兰花

式出现的，因此会对人体产生物理上的损耗。想要抵抗熵增，减缓衰老，我们就要在生命过程中提高能量运转系统的效率。寿命会随着身体质量的 1/4 次幂发生变化，寿命与心率的乘积是一生中心跳的总次数，所有哺乳类动物的心跳总次数应该是相近的。如果我们进化得太快，就会大幅偏离与大自然和谐共处的约束。有效代谢率可以让生命活力提高百倍，也可将寿命延长数倍，但可能会降低生育水平。

不同系统之间幂律指数的数值是恒定的，也就是说，幂律指数是联系不同系统、不同生物、不同事物之间的桥梁。通过幂律指数可以找到事物的个数、面积、体积以及其他一些数值之间联系的规律。因此正态分布规律可能较符合常规状态，而更深层次的规律则隐藏在幂律指数分布中。

15

表面积和体积的幂律关系

对生物体而言，网络动力学要求生命的节奏随着体形增大而相应减缓，这符合幂律规模法则。举例来说，举重运动员的体重和他能够举起分量之间的比例关系并不是按照线性规模缩放的。统计数据表明，他们的体重和力量之间的比例关系是按照 2/3 的数量级比例增加的。这个特征在生命和生理领域都有广泛的体现。

这种 2/3 的比例关系的原因在于代谢率的重要作用。所有代谢物、氧气和药物都是通过血管运输到细胞膜并进行扩散的，这受到生物体表面积的限制，而不是体积和重量。所以，基于面积和重量的函数比，2/3 的幂规模法则成为一种简单的统计规律。面积的量级单位是 2，体积的量级单位是 3，所以 2/3 成为这个规律的关键数值。

举例来说，对于一个 6kg 的婴儿，推荐的药物剂量是 1/8 茶匙，也就是 20mg。但对于一个 18kg 的婴儿，即体重是前者 3 倍的婴儿，推荐的剂量不是 3/8 茶匙。基于非线性的 2/3 幂规模法则，后者的剂量应该只是前者的 3 的 2/3 次方，即 2.08 倍左右。因此，代谢率与体表面积和重量呈指数关系，并不是简单的线性关系。

我们发现生长和形态是一个非常复杂的生物表征现象。其中一个非常重要的信念是，所有生物的生长、形态的形成以及进化都可以用数学语言来描述。这一点让我深有感触，无论是微积分原理还是自然法则，我们都希望能够找到清晰的数学语言来描述它们的规律。

新陈代谢是生命之火和燃料。代谢率是生物学中的一个基本速率。大自然中所有生物的变异、进化和活动的法则均以代谢率为基础动力，然后才能对所有特征进行固化，形成进化路径。所以每个物种都根据自己的生理体征来进行进化。在整个生命史的进化过程中，基于进化路径的不同，从细菌到大型生物，产生了如此种类繁多、丰富多彩的进化结果。

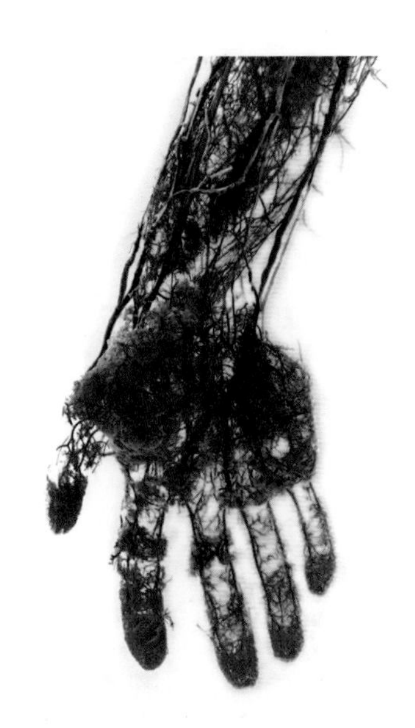

手的血管网络

在漫漫的历史长河中，进化的物种就是亿万个小意外和小波动所产生的结果，通过自然选择得以固化。这一切看似随意和变幻无常，但事实上生物中所包含的某些规律和机制已被潜移默化地固化下来。

16

1/4 幂律关系的原理和运用

克莱伯定律是以生物学家克莱伯命名的代谢率规模法则，涵盖了细胞到鲸鱼的生态系统中的各种生命体。生物代谢率是能量耗散指标，按照能量最小化原则，血液总量必须与体积成正比，与体重成正比。生物网络以 1/4 幂律法则缩放并优化其能量配置，从而让生物体运行于四维空间中。代谢率之所以呈 3/4 次幂变化，是因为身体网络内所有流动的能量最终都会流经所有毛细血管，系统会通过每一根毛细血管来为细胞提供服务，而血管的规模也是按 3/4 幂指数缩放的。生物网络起到输送能量、资源和信息到每个细胞的作用，这一作用的效率高低决定了生物体内能量输送的速度。生物和城市系统的粗颗粒行为规则遵循网络的普遍物理规律，并且数学表达上遵守普遍存在的 1/4 幂律法则。

幂律法则的数学维度与自相似性和分形相关，系统在不断优化过程中受到幂指数 1/4 倍数控制。为了最大限度地增加用于繁殖的能量，哺乳动物通过血液把循环能量输送到身体的各个部分，并按照能量最小化的原则减少输出能耗。4 在幂律法则中与分形的维度相关联，实际上是 3+1 的表达方式。

在大自然的驱动力量下，生物网络为了使其能量交换的表面积最大化，充分实现其空间填充的最大化。因此三维空间并不是欧几里得二维平面的简单延伸；三维空间里面优化的生物网络可以产生额外的维度，具有了四维的特征。所以生命体就像在四维空间里活动一样。这就是 1/4 幂律法则的几何原理。生物网络以 1/4 幂律法则缩放，而不是经典的 1/3 幂律。

克莱伯定律可以用于所有生物种群，包括哺乳类、鸟类、鱼类、细菌、植物。更让人感到不可思议的是该法则还适用于所有生物体的生物特征，包括生物的增长率、心率、进化速度、基因组的长度、线粒体的密度、寿命、树木的高度、树叶的数量等，这一系列特征的规模缩放的幂律都是相似的，且拥有相同的数学结构，都符合幂律法则，都以指数的直线斜率 1/4 的整数倍来缩放。

叶脉和城市

代谢率会随着体重的变化而发生指数比例的变化。这一规律涵盖了 22 个数量级单位的生物，从最简单的微生物到最庞大的鲸鱼，地球上所有生物都被这一规律所支配，这就是简单的幂律法则。简而言之，体重每增加原来的四个数量级的倍数，代谢仅仅增加原来的三个数量级的倍数，它的直线斜率为 3/4，这也是克莱伯定律中的著名指数。

举一个代谢率是 3/4 比率的经典例子。一个哺乳动物的体重增加一倍，它的心率就会降低 25%。哺乳动物的心率是随着体重的增加，以 1/4 指数而减少的，若我们的体形的增长一倍，心率就会按照 1/4 幂率下降。

所以绝大多数的生物组织都以非常接近于 3/4 的代谢率和 1/4 的律动率为基础而进行缩放。如果一个生命体的体形加倍，那么它体内的细胞数量也会相应加倍，所以维持细胞生长所需要的能量也会加倍，但是它的代谢率，即能量的供给，并不会变成两倍，倍率是 2 的 3/4 次方，即 1.682 倍，小于 2。

代谢率之所以呈 3/4 次幂变化，是因为身体网络内所有流动的能量，最终都会流经所有毛细血管，系统会通过每一根毛细血管来为细胞提供服务，而细管的规模也是按 3/4 幂指数缩放的。遵循 1/4 幂律法则，生物生长的能量主要由网络传递到每个细胞中去，这就超越生物身体设计，而受到网络的普遍规律的限制了。

已知哺乳类动物体重，就可以利用幂律法则大致测算出它每天需要吃多少食物，它的心率是多少，它需要多长时间才能发育成熟，它的主动脉的长度和半径是多少，它的寿命是多少，它可能有多少个后代等等，这一切确实让人觉得非常惊讶。

树枝的半径和长度会随着树干的增长而变化，动物四肢的半径和长度也会随着体形的增长而变化。半径按照重量的 3/8 次幂指数变化；长度按照重量的 1/4，也就是 2/8 幂指数变化。所以分析了所有的生命规模和生物体形态的数据，我们会得出 1/4 幂律法则是生物学的普遍规律，它与达尔文提出的自然选择有关。生物的 1/4 幂律法则是生命的动力学结构和组织的基本要素所决定的。

这一规律的主要特点是由组成生命体的网络特点所决定的。生物网络起到输送能量、资源和信息到每个细胞的作用，这一作用的效率高低决定了生物体内能量输送的速度。大型的生物体的输送速度明显要慢于小型生物体的输送速度。生命的节奏会随着体形的增加而系统性地变慢，所以大型哺乳类动物的寿命会更长，心率也会更慢，但是它也需要更长的发育时间。大型哺乳类动物细胞的代谢率不及小型哺乳类动物，大型生物可能生长得很缓慢，但是它的效率更高。将这一规律推广到城市规模和公司规模，也发现同样的道理，大企业办事速度慢，但存活的时间可能更长久，小企业行事虽然快，但存在时间却普遍不长久。城市的基础设施如道路、电线、水管、加油站以及其他能源供应系统，都是按照相似的幂指数比例进行缩放的，只是不是按照 1/4 幂指数，而是按照 0.85 的指数。

数字 4 在所有生命体里都扮演着基础性的神奇角色。这一规律是如何从统计和自然选择中体现出来的？ 1/4 幂指数的普遍性超越了具体的一般性设计。不管是细胞、生物体、城市、公司、建筑物，只要其结构有高度的自我维护需要和多单元参与的需要，这些单元体就会受到持续不断的竞争反馈而最后得到这一规律，并将其固化。

各种不同城市系统的变迁，和生物一样，体现了幂规律的特点。这个规律超越了历史、地理和文化环境，具有普遍性，因而被广泛认同。

在研究克莱伯定律时，人们常问 1/4 幂律法则在生命体中存在的原因。实际上，宇宙中所有复杂的物理变化，例如新陈代谢的代谢率、分形维度等，只要反映了生物系统的规模，都可以用指数形式或对数形式来表达其相关特征的数量关系。

生物体和城市系统中的一般性粗颗粒数据遵循幂律的量化法则。这些生物体和系统都是通过网络来提供新陈代谢的能量。因此，生物体中的循环系统、呼吸系统、神经系统以及人类社会中的食物供应、水电供应和信息交流等系统，所有规模体都受到网络支配。生物和城市系统的粗颗粒行为规则遵循网络的普遍物理规律，并且数学表达上遵守普遍存在的 1/4 幂律法则。这也解释了为什么在研究生命体时 1/4 幂律法则如此重要，因为它揭示了生命体现象的客观规律性，为未来更好地理解和研究生命体系提供了重要的科学依据。

17

系统优化法则及实际案例

在生物学中，所有系统都需要一个自上而下的网络规模来为之配套服务。随着网络的不断进化，生物体用于保持日常生活所需能量最小化，留给繁衍、哺育后代的能量最大化，这被称为达尔文的适应性。达尔文的适应性是个体为下一代基因库所做的基因贡献。而最小作用量原理是自然界所有法则中的核心，包括牛顿定理、麦克斯韦方程式和基本粒子大统一学说等，它们的数学框架都有一个作用量最小化的原则，即一个系统的所有可能配置中，最终得以实现的一定是作用量最小的配置。优化法则遵循自然进化的原理，优化所有系统的固有能量损耗，留下更多的能量给遗传。

物理学的自然定律中，所有定语都归于一个词“简单性”。用最简单的方式来表达，用最小作用量来完成整个系统的运行，这是科学中至高无上的原则之一。

系统的运行依赖于网络，动物的网络系统是由不停跳动的心脏驱动的管道系统，植物则有稳定的、非波动的静力学压力所驱动的网络系统，由无数纤维构成。这两种系统都受到三个相同的限制：第一，它们的空间是被填充的。第二，它们有恒定的终端单元。第三，把液体输送到整个系统所需要的能量是最小化的。

达·芬奇树枝公式指同一高度所有树枝的直径之和等于这些树枝的上一级的直径。这个公式适用于所有的乔木，对于我的工作也有启发作用。有时候我看不懂给排水图纸，就会问给排水工程师：“一级管径大小和二级管径大小是按照什么原则进行设置的？为什么主管线和支管线的长度要这样设置？”结果各有各的说法，没有一个特别有说服力的理由来让我理解他们的设计。后来我告诉他们：“达·芬奇的等截面树枝公式原理是可以用到我们的给排水管道设计中去的。”他们也觉得用生物生长逻辑来设计管道确实挺有道理的。在管道的流体动力学中，主管道的流量等于分支管道的流量之和，建筑给排水的主分支管道的截面积之间只有规范规定而没有明确的逻辑关系，但达·芬奇发现的树枝公式是大自然千百年的进化、优化后的成果，我们的设计还没优化到这一步，仅是科学原理的体现。

给排水工程师用到的流体动力学公式是 $Q = \pi R2\sqrt{(2P/\rho)}$ 。其中，Q 为流量，R 为管半径，P 为压力，ρ 为液体密度。πR2 代表了管道的截面面积。$\sqrt{(2P/\rho)}$ 中的根号代表的 1/2 次幂，不就是 1/4 幂律的倍数吗？ 1/4 幂律法则真是无处不在啊。

除了发现树枝等截面的关系之外，达・芬奇还发现了树木的主干与树枝、树叶维持着近似的自相似性，并且其覆盖半径成 $\sqrt{2}$ 倍的等比例连续缩小。主干往往比树枝长，主干长度是树枝长度的 $\sqrt{2}$ 倍，然后所有树枝、分树枝不断地缩小，但其密度不断地增加，跟分形几何特别相像。树木生长的高度与树冠的直径也会受到生物力学的限制，当树木达到一定高度的时候，它既要抵抗侧风压而不使它的形体折断，又要保证它的树冠不断成长。生物体生长的合理性不断地受到大自然的考验而优化，最终成了现在的模样。

所以有时候我也会用这种大自然优化过的规律来看给排水图纸，也希望给排水工程师能从大自然中汲取更多的内在规律，来合理优化管道系统。

生物体内的血管比例关系也和树木的枝干关系很相像，从分支点出发的支血管的横截面积总和，与这些支血管的母血管的横截面积是相等的。生物体之所以遵循这一最基本的特点，是因为这样能使它的网络在任何一个分支点都不会出现反射现象。

血管内流体的运行法则也和树木内液体的运行法则相似，但它遵循的是 3/8 的幂律关系。所有血管的长度是按照 3/8 的幂指数进行缩小的，跟之前说的树木的 $\sqrt{2}$ 倍缩小的比例关系有点不同。当血液在网络中流向越来越细的毛细血管时，它的黏滞力就会越来越大，后续的能量也会越来越大、越来越浪费，这种能量的浪费导致动脉的阻挠波动非常大，所以所有哺乳类在网络末端的血流速度都是相等的，血压也是相同的。大部分生命体的循环系统网络都表现出分形的几何特征，都可以看作一个分形几何系统。所以分形原理是研究所有生命体和仿生建筑所必须考虑的数学原理。

同样，在全世界所有城市中，加油站的设置也出现了幂指数关系的现象。有统计发现，虽然随着城市中的人口增加，加油站的数量也会增加，但并不是按照简单的倍率关系增加，而是按照幂律关系来增加的。

全世界不同的国家与城市里的加油站和人口数量之间存在着相同的幂律关系，

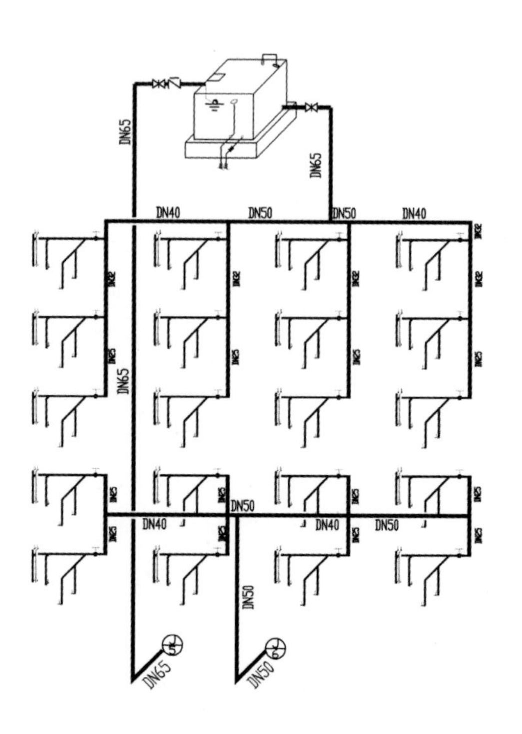
DN65
DN65
DN40
DN50
DN50
DN40
DN65
DN50
DN40
DN40
DN50
DN50
DN65
DN50

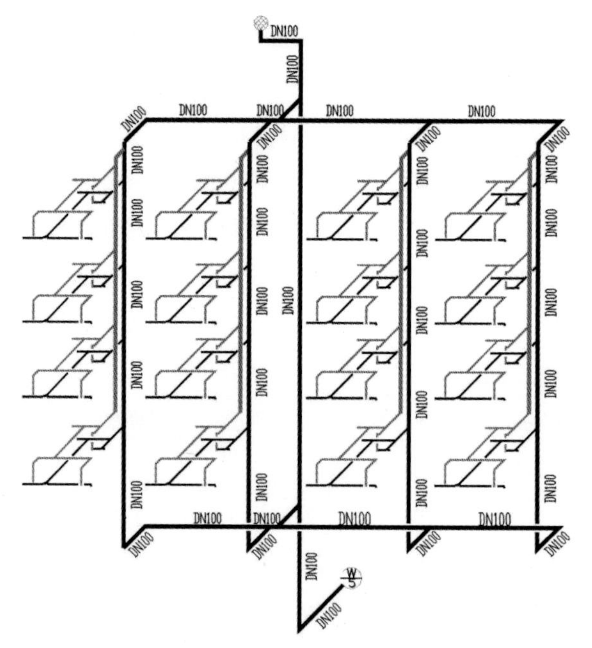
DN100
DN100
DN100
DN100
DN100
DN100
DN100
DN100
DN100
DN100
DN100
DN100

建筑给排水系统图

其幂律指数是 0.85，略高于生物体代谢的指数 3/4。这代表着城市规模越大，人均加油站的数量会减少，这是城市规模效应的优势。每当人口增加一倍，城市只需要增加 85% 的加油站，而不是翻倍。这条规律在我们的工作中，可以极大地拓展我们的思维。

乡村里的寺庙是精神上的“加油站”，它们同样遵循这种幂指数关系。通常情况下，小村落里的寺庙很密集，而大城市或大集镇的寺庙反而稀疏，这也符合幂律指数规律。

在现代大型现代办公场所中设置茶歇空间与饮水点是常见的问题。业主经常会询问应该设置多少个茶歇点。通常我们建议平均 35 人一个。那么是不是意味着 70 个人就要设置 2 个，105 个人就要设置 3 个呢？根据生物体或城市体的幂律法则，茶歇点的数量并非按照简单地线性关系增加，而是有 85% 的节余量。所以人数越多，并不意味着茶歇点的数量会成倍数增加。这个概念可以推广到很多方面，为我们的设计提供了很好的理论依据。

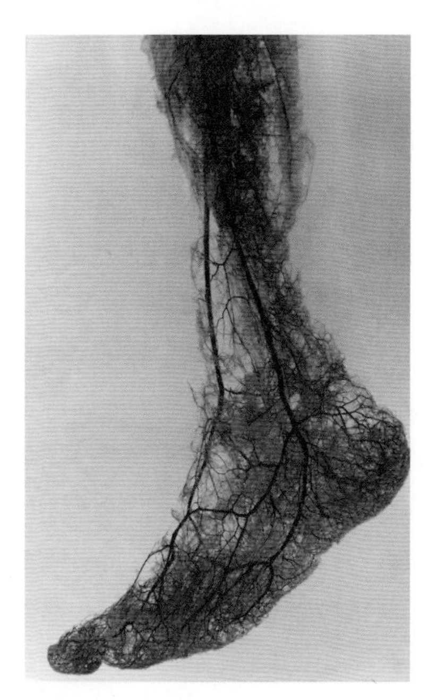

血管经络

2018 年，我曾组织团队试图利用幂律法则为我们的客户——银行，开发了一套数据预测软件，用于帮助银行客户进行选址决策，以推广我们的设计业务。银行计划在城市中开设网点时，由于缺乏有效信息，往往盲目决策。由于现在城市中银行网点已近饱和，但各家银行又不愿意轻易放弃繁华的地段，所以常常可以看到同一地段有多家银行网店扎堆聚集。这种现象主要是因为选址策划缺乏科学性和合理性而造成的。

所以我结合自己在这一领域的设计实践经验，认为有必要推出一个基于大数据的软件，帮助客户做出更明智的选址决策。

当时的设想是这样的：先将一个大城市按照 2.5km×2.5km 的大小进行网络区块划分，然后从相关互联网企业提供的粗颗粒数据中，抽取每个网络区块的人口性别比例、不同年龄段的人口比例、购买习惯、主要交通工具的距离关系以及人群作息时间等一系列数据。在数据工程师的帮助下，对这些数据进行清洗并导入数据库，然后建立数据之间的联系，以寻找数据之间的规律。

通过数据库梳理出数据之间的相互联系，我们的分析建立在幂指数关系上，摆脱了常规数据分析的简单线性比例关系，去发现它们之间更深层次的关系，也就是幂指数呈 1/4 比例进行缩放的关系。

由于城市人口实际上是以交通工具进行流动的，符合具有一般生命体特征的网络的幂律法则，因此我们运用大数据工具对粗颗粒数据清洗之后进行归纳与分析，以此产生数据之间的指数关系的连接链，帮助我们的银行客户优化网店选址和布局，以便展开具体的室内建筑设计业务。这套软件系统为网点选址的布局提供了科学依据，其中所使用的原理就是幂律法则和克莱伯定律。

引入数据后，我们结合大数据，通过建立数学模型，优化数据预测软件，使其得出的结论更贴近真实。

第一步，要找到关键变量，让这个模型中的变量和我们取得的粗颗粒数据中的数据产生联系。找到关键变量是决定我们这个项目能否成功的第一个关键点。

第二步，用其他相关地区的成熟历史数据来锻炼我们用关键变量建立的模型，使它更加贴近真实。输入其他地段的历史数据，使关键变量的准确度和相似性更高，用这个方法不断训练模型，使模型更加成熟。我们会选取一些最重要的关键变量来进行分析并调整整体数据模型的适配性。

第三步，模型建立以后，验证此模型与相关地区和历史数据是否相符，在对比中不断增加它的准确性。

第四步，通过多重模型以及变量之上的变量的方法，来提高这个模型的学习能力和回答精度。

第五步，建立预测模型，并把这个地区中的大数据导入模型，通过模型来预测地段、区域等多方面的经济指标和可能的营收。

这套数据预测软件可以为银行客户提供有力的依据，例如现有人口的年龄结构组成、购买力状况、财富等级、生活习性、银行网点的投入产出比，以及本地区投入产出效益的预计分析，以确定是否应在该地区进行银行立址，并提供营收比例、竞争状况和主推理财产品的方向等数据。一旦银行网点选址确定，也就为我们接下来的室内装修设计业务更好地实施创造了有利条件。

数据预测软件还能揭示城市发展的主要推动力来自金融。金融实际上是城市以及任何事物发展的动能。所以城市的发展与活力主要由城市的金融指标决定，金融指标相当于生物体的代谢率。通过分析年龄构成、财富状况、交通工具和购买力等因素，我们可以理清消费比重、理财比重，消费品类的占比又反映了消费阶层和消费能力的不同，从而对整个地区的财富代谢率进行评估。因此，财富代谢率决定了一个城市的购买力。同时，城市的财富指数与城市规模成幂指数关系，两者之间是 2/3 的幂指数关系，这个关系就像举重运动员的举起重量和体重之间的关系一样。这里，克莱伯定律也发挥着重要的作用。

18

数学在室内设计中的应用案例

1. 德艺陶瓷博物馆
——数与形的初探

德艺陶瓷博物馆是我在 2000 年设计的作品，这个作品在当年获得了亚太室内设计大赛的优胜奖。德艺陶瓷博物馆坐落于上海虹口区的多伦路文化名人街上。建筑本身是左联“七君子”之一的王造时的旧宅，后来被一位景德镇的艺术收藏家买下来，希望把它改造成景德镇陶瓷在上海的展厅。

我接手了这个项目之后，找到了同济大学的任晓松博士和应稼年老师一同来做它的结构改造设计。我们对建筑进行了比较大的改造。由于建筑的空间只有

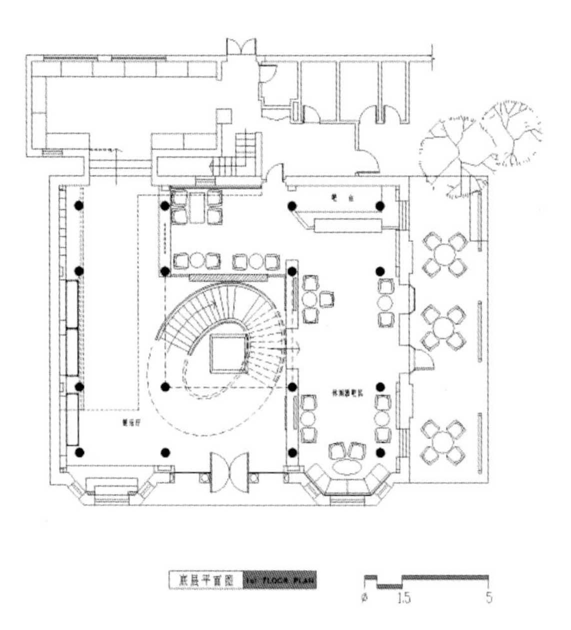

德艺陶瓷博物馆平面

四五百平方米，是一个名人的旧居，算是老宅子，要做到完全符合现代博物馆的空间需求有点勉为其难，所以当时就提出一个想法——“热水瓶换胆”，即保留整个建筑的外观，而把室内的空间全部掏空。

多伦路是一个历史风貌的保护区，所以不能对建筑外观做特别大的改动，只能在内部做文章。在这么小的建筑里，要把室内的楼板全部去掉，只保留外皮，在结构改造上是稍微有些难度的。

受到古根海姆美术馆的启发，我们在这个空间中做了一个旋转楼梯，让参观者能沿螺旋状楼梯一边旋转向上一边参观。

在这个空间里，我主要做了三个改动。第一个改动是将顶部掏空，做了一个天井。在一个只有 12m × 12m 的水平平面中，只有让人能够从下往上地看到天空，才会给人更多的想象空间，所以我在顶上做了一个可以仰望天空的天窗。在天窗里我设计了一个木构架，木构架里放了几片漂浮的白色帆布，灯光一打就把室内空间与室外星空联系起来了。一个旋转楼梯将一楼到三楼的空间串联了起来，动线也流畅了。

德艺陶瓷博物馆

德艺陶瓷博物馆

德艺陶瓷博物馆

第二个改动是前述的“热水瓶换胆”。这栋老建筑的“外表皮”是用砖砌的，我们完全保留了老建筑的外表皮，所有的加建部分与外表皮是脱开的。因此，在三楼的屋顶上，我们特别留了一圈条形的天窗。中午 12 点的时候，能够看到阳光透过新老建筑之间的缝隙，光打在老建筑的墙面上，形成了新和旧的对比。

第三个改动是旋转楼梯的背景。我们做了一个砖砌的背景墙，从一楼、二楼、三楼到顶层，分别把不同的几何图形——圆的、方的、条形的，成序列地放置于砖砌的背景里，形成了一个有序列的几何背景板。

我当时对于数与形有一种朦胧的体会，建筑做完以后别有一番风味。二十多年过去了，我始终觉得这个建筑虽然小，但也算是我从业以来比较得意的一个作品。

2. 中国金融信息大厦
——体与线的解构

中国金融信息大厦位于上海浦东陆家嘴核心地段，紧邻东方明珠电视塔。这是一幢集金融信息采集、挖掘于一体的新型办公大楼，同时又是一个向全球发布中国金融信息的场所。建筑所处的地理位置赋予了建筑宝石般的气质。我们通过对宝石图案的数学解构，借用数学图形的分析方法，力图用图形数列的原理指导室内设计，结合金融资本分析的波域理论来打造一个国际化、大气、简洁、理性的室内办公空间，使其成为矗立于黄浦江畔，内外兼具宝石般品质的办公大楼。

中国金融信息大厦的外观犹如一颗蓝宝石，建筑师巧妙地将其与金融融合在了一起。为了延续这一主题，我们在室内设计中也采用了三角形网络的形式，通过波动和变化的网格节奏来传递室内设计语言。此外，建筑大堂所采用的梵珞纳红大理石，十分独特，极少被使用。选择这以材质是考虑到客户是新华社，红色大理石恰到好处地衬托了客户主营业务的特性。

中国金融信息大厦区位

中国金融信息大厦外观

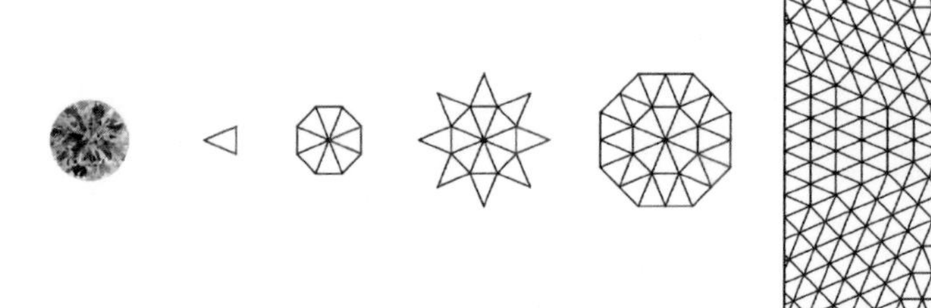

中国金融信息大厦概念演进

(1) 大堂

中国金融信息大厦项目的大堂吊顶采用大尺度的铝板，结合暖色的灯槽和宝石图案，与幕墙窗棂呼应。大块面的菱形铝板由小块面的三角形组合而成，使吊顶界面富有层次感。建筑核心筒采用暗红色梵珞纳红大理石覆盖，华丽富贵的梵珞纳红与地面米黄色石材形成统一的质感，与玻璃与铝板等现代材料相映衬与烘托，营造出一个理性、简洁、大气和自然的室内氛围。

整个大厅视觉通透，建筑内外空间高度统一，暖红的石材核心筒在灯光的烘托下散发出宝石般迷人的光芒。特别是在夜晚，轻易就可将隔岸相望的路人的视线透过玻璃幕墙吸引到大厅空间中来。

中国金融信息大厦大堂

中国金融信息大厦后厅

一层大厅入口设置了两处接待台、多处信息多媒体屏幕，以达到多方位的信息覆盖。大厅的细节是大厅品质的重要组成部分。我们用简洁硬朗的设计手法，将精致的比例与材料有条不紊地组织到空间中，使得整体与细节得到高度统一。

大堂的后厅设置了一个圆形水池，与建筑的外观造型相呼应。水池的潺潺流水声与黄浦江的滔滔江水声相呼应，引发人们对水的联想，并为安静的大厅增添了一丝动感。墙面的三角形蔓延至天花，产生虚实渐变的感觉。顶上的创意灯具像一群海鸥，吸引着人们到二楼一探究竟。

(2) 多功能厅

三楼是一个可容纳 350 人的新闻发布厅，既亲切又庄重。我们把宝石切面所形成的深深浅浅有变化的三角图形作为设计元素运用到建筑中。三楼多功能厅的大型吊灯、地毯的纹样以及把手图案都是三角图形分形设计原理的演绎，旨在将三角形的造型通过多种变化和迭代贯穿于整个空间设计之中。

中国金融信息大厦大堂中的三角形元素

中国金融信息大厦多功能厅

3. 上海国际金融中心
中国结算项目
——内与外的呼应

上海国际金融中心项目选址于上海浦东新区竹园公园商贸区地块，上海科技馆西侧。其中的中国结算项目（中结算）位于 A-2 地块，东至杨高南路，北至已建成地块，西至珠林路，南至 A-1、A-3 地块边界。

整个大楼的设计严格遵循数学模数化的规律，透露出建筑师的严谨与细致。

每两根幕墙立筋之间的距离是 1500mm，以此为模数 M（module）， 主楼长为 48M（72000mm），宽为 28M（42000mm）。大楼平面犹如有一条一条的线贯穿其中，像小孩子玩的“翻花绳”。

我们将模数化与抽象艺术相结合，进行大楼的平面布置。规整的区域划分使得整个平面整齐划一，不仅有建筑外观的理性，还充满艺术的感性。

此建筑设计中另一个重要的造型语言是大楼中反复出现的 38° 斜向结构梁。利用大楼七层中庭原建筑的斜梁结构，通过建筑化的手法，将两种语言组合出大气而又丰富的室内效果。

中国结算项目区位图

中国结算项目建筑外观

从建筑的模数关系中，理性推导出内在结构关系，并生成室内的空间构成。

翻花绳的游戏中隐含空间内在逻辑关系。多功能会议室的吊顶造型由此产生，局部向上翘起的斜面既增强了空间的变化，也对大厅的声学效果起到了很好的作用。

顶面造型呼应墙面，类似翻花绳游戏，给理性空间增加了趣味性。

七、八层为对外展示、宣传、教育的公益楼层，同时兼顾了接待、会议等功能，设计中注重了所有功能的完备性与机变性。八层中庭的墙面造型不仅考虑了声学因素，还考虑了实际使用需求中所必需的储藏功能。顶面造型呼应墙面，给理性的空间增加了趣味性。将中国传统文化中的算盘珠子衍生成大面积木饰面上的肌理语言，运用到空间中产生了独特的效果。

一层电梯厅中的大理石纹理与股市语言相关，空间材料肌理表达企业属性。一层大堂营业厅利用建筑核心筒体量，打造大气、流畅的营业空间。

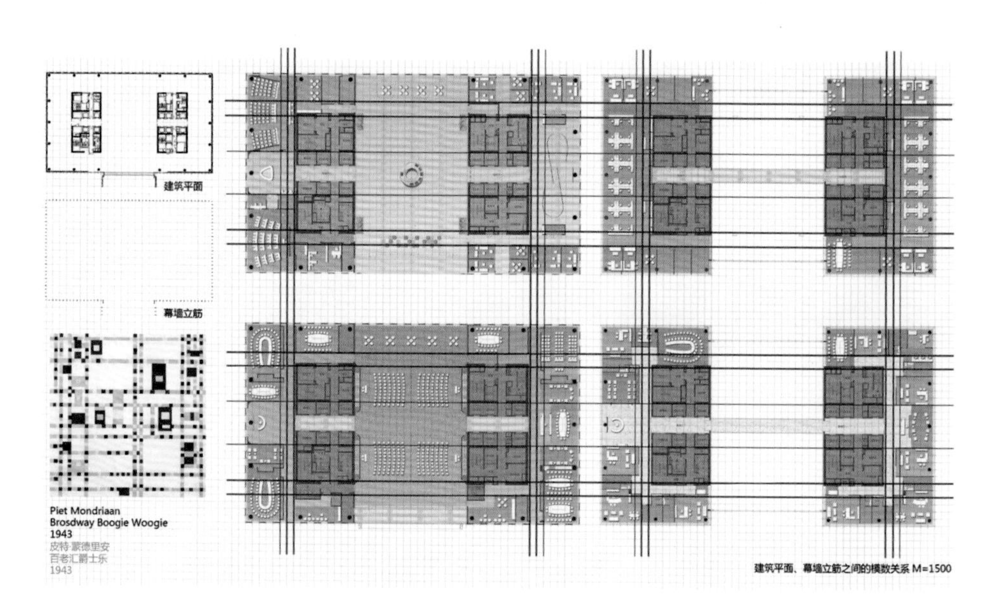

中国结算项目平面图

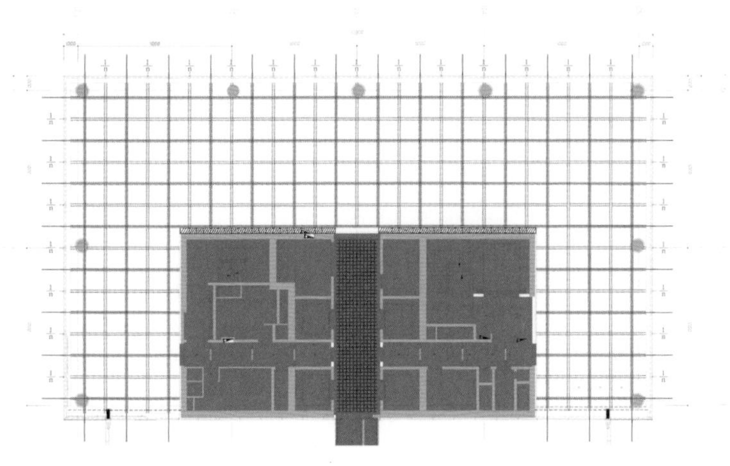

中国结算项目平面模数

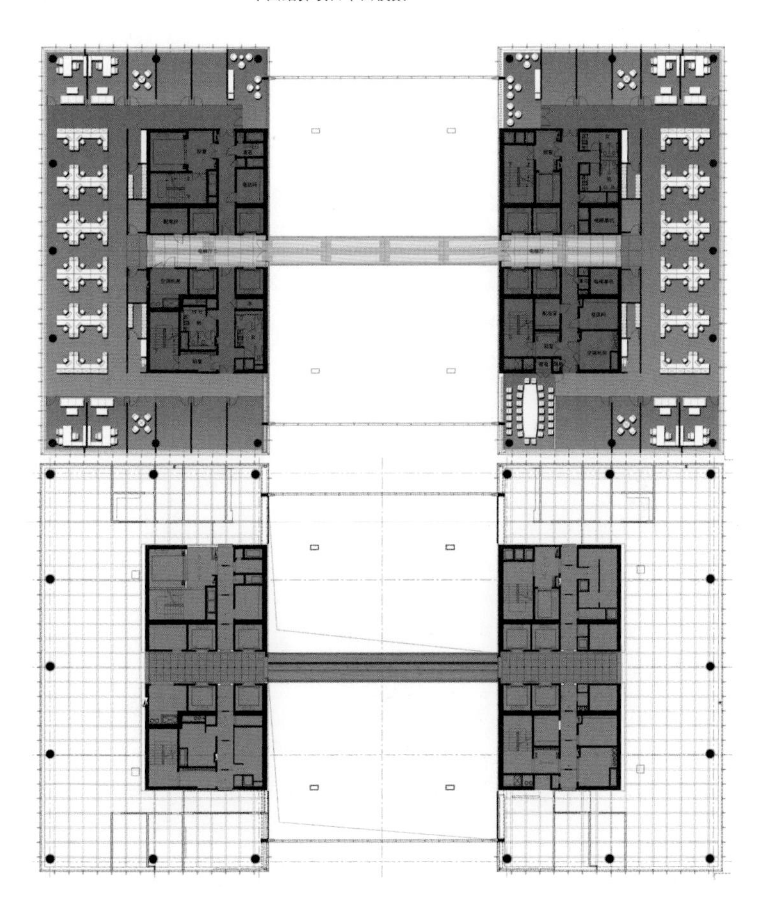

标准层天花

办公层室内

办公区独立办公室

办公区电梯厅

顶面造型

顶面与斜梁

七层室内

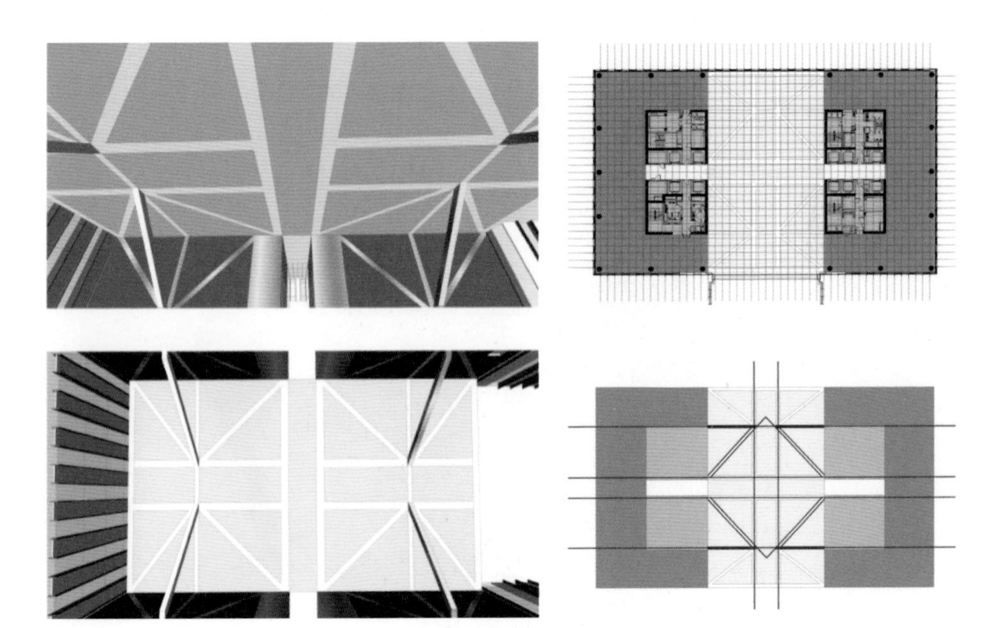

七层概念示意

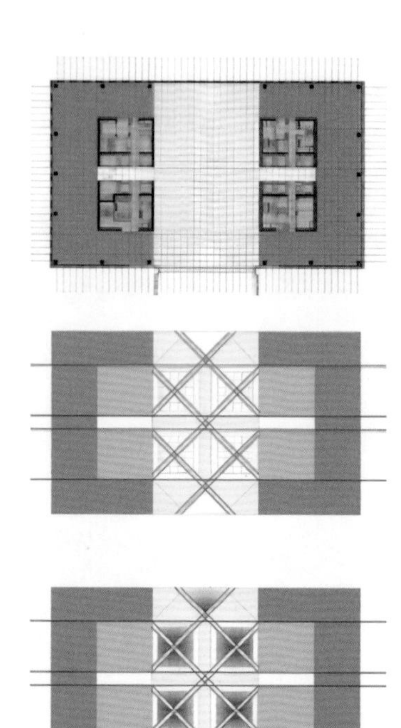

八层概念示意

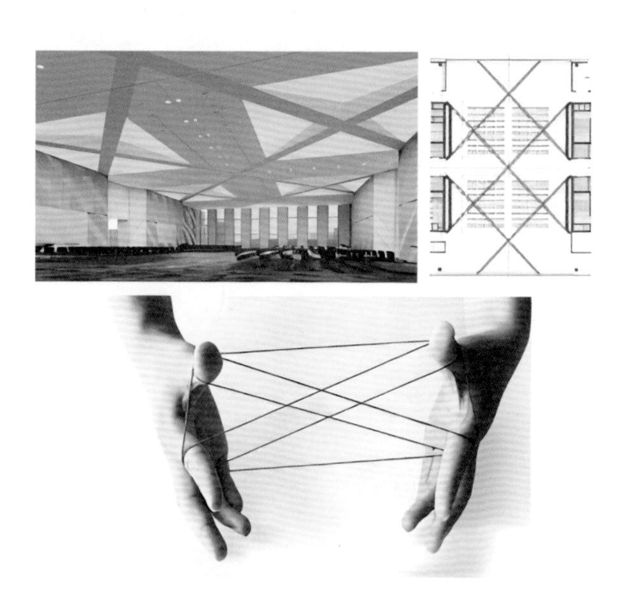

翻花绳的造型演变成的空间意向

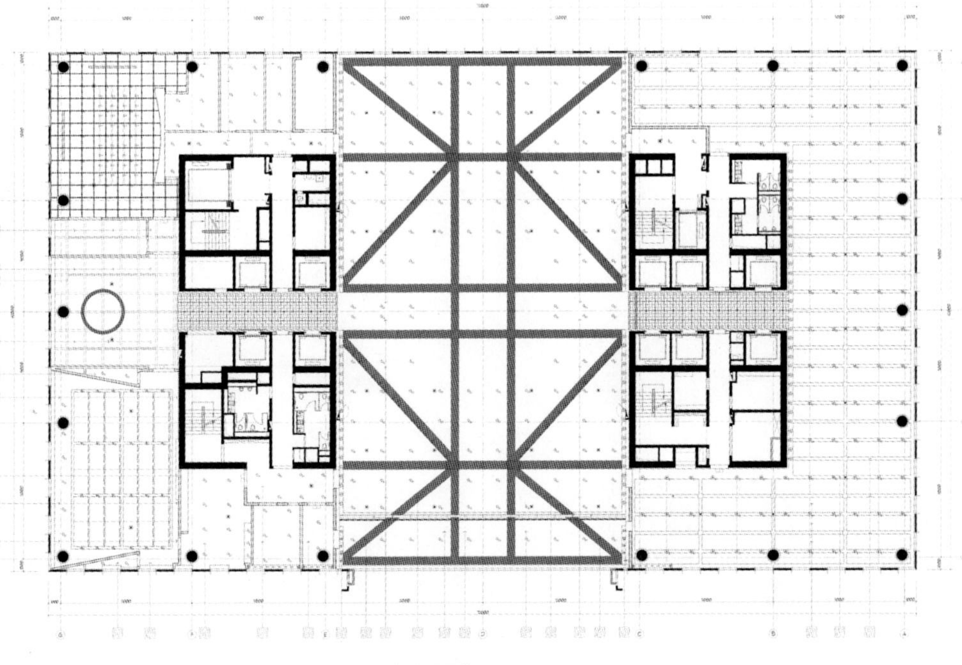

七层天花图

七层实景照片

七层实景照片

八层多功能厅实景照片

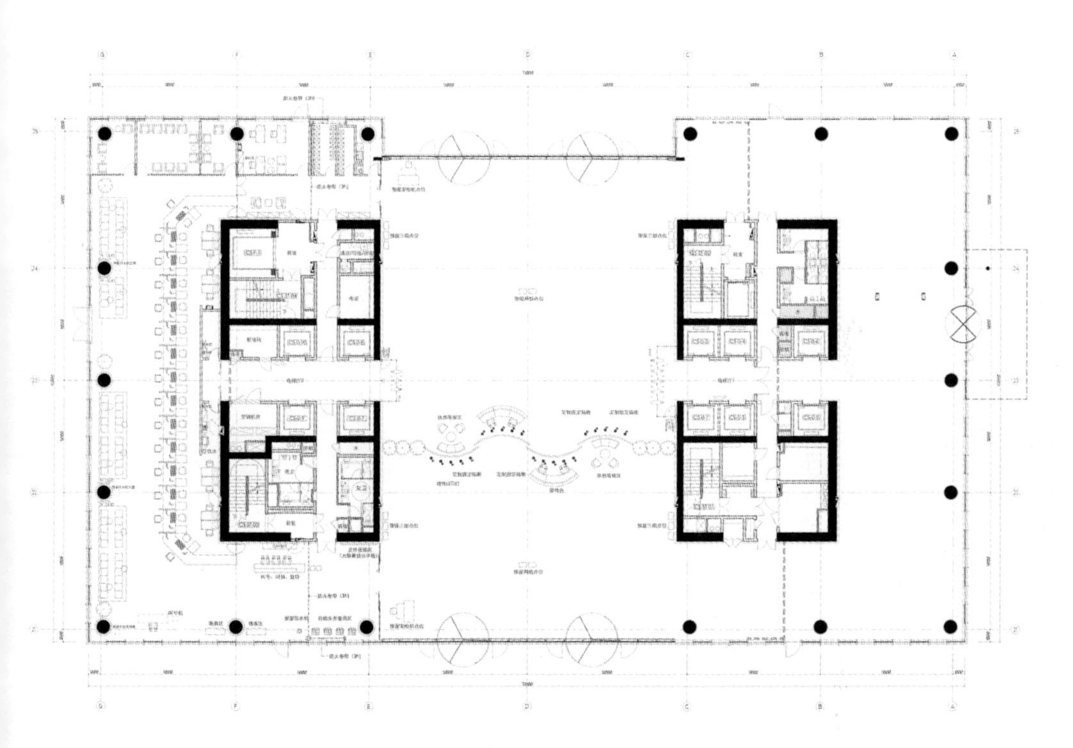

一层平面图

大堂电梯厅入口

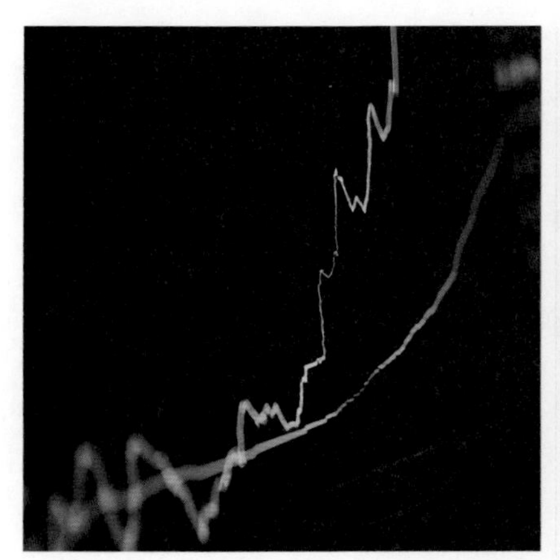

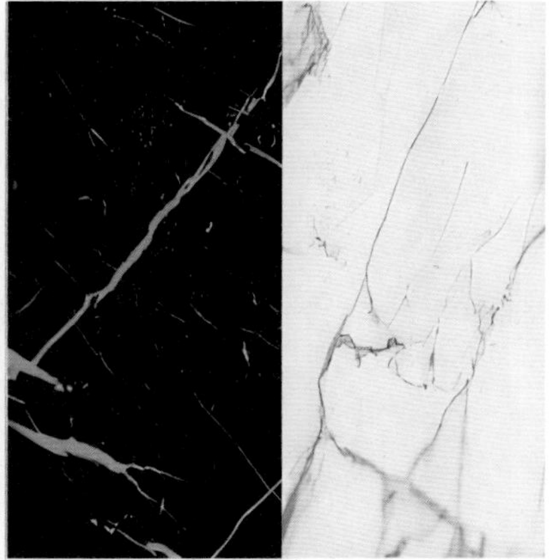

大理石纹理与股市语言

CSDC

一层营业厅

4. 浦发银行云屏方案
——形与形的延续

(1) 设计概念

上海浦东发展银行（浦发银行）新总行大楼坐落于浦东世博园区，我负责整个建筑的室内设计。建筑一楼大堂挑空高达 28m，剖面呈梯形，两侧微微向中央倾斜，使人的视线被压制在梯形的重心处。为解决这一问题，我在梯形重心位置设计了一个装置，提升了整个大堂视觉效果。

为了与大堂简约明亮的几何形体相协调，我们希望这个装置具有柔和的曲线，并位于距离地面 10m 的梯形重心位置，即整个大堂的视觉中心。

考虑到大堂顶部采光天棚，可以洒下自然光线，我们希望这个装置尽可能透光，融入自然采光，同时起到氛围烘托的作用。当自然光线缺不足的时候，该装置还能补充大堂的照明。因此，我们计划在大堂顶部设计一个艺术性强、吸引眼球的装置。

浦发银行希望可以将这座建筑打造成为具有科技金融属性的“一流数字生态银行”，因此我们将大堂中央的艺术装置定义为“智慧云屏”，使其成为一个具有向上、向下视觉信息投放功能的 LED 矩阵显示屏。

首先，智慧云屏的设计概念来源于孕育生命的 DNA 双螺旋结构，与浦发银行的双 S 形标志非常相似，寓意延续、进化和发展。同时，它也是由圆的运动逐渐变成三角函数的一种渐变形态，浦发银行的标志也具有两组三角函数叠加在一起形成一个三角正弦波发散的形态。所以我们希望在设计中运用三角函数的概念。此外，考虑到这是一个长方形建筑，预计云屏需要制作成 12m × 48m 的漂浮平面，才能让它这个空间中占据适当的比例。

我们写出一个三角函数的数学公式，云屏的形态以三角函数演变形成：

$$y=A\sin(\omega x+\varphi)$$

这里 A 为振幅，ω 为圆频率或角频率，φ 为初相位或初相角。（其中 A、ω、φ 均为常数，且 $A>0$，$\omega>0$）根据函数得出：

$$\{(x,y,z) \mid 0 \le x \le 16800, -880 \le y \le 880, 0 \le z \le 4200\}$$

数学公式涵盖了云屏设计的全过程，通过 3D 打印把这个数学公式变成了三维实物的模型。在此基础上，我们对这个模型的细节进行细化，然后打印出一个和标志与空间的形态、采光都能结合得很完美的云屏。看似非常复杂的设计，经过分析我们可以把它视为由A、B、C三种模块组成的整体，为施工带来很大的便利。

同时云屏的主结构构件采用了亚克力的导光板内嵌 LED 的方式，看起来像一整片云。这样一来整个云屏装置的重量控制在 1 吨左右。虽然云屏的展开面积有 $600m^2$，但是较轻重量给空间带来一种轻盈感，也不会给原建筑带来很大的结构上的负担。

大堂效果

(2) 演变形态

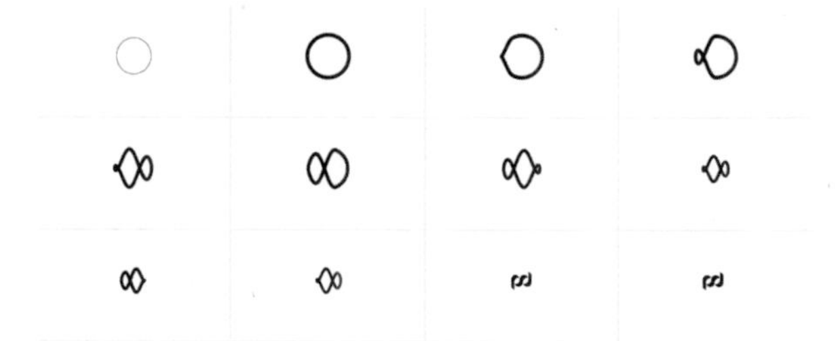

标志演变形态

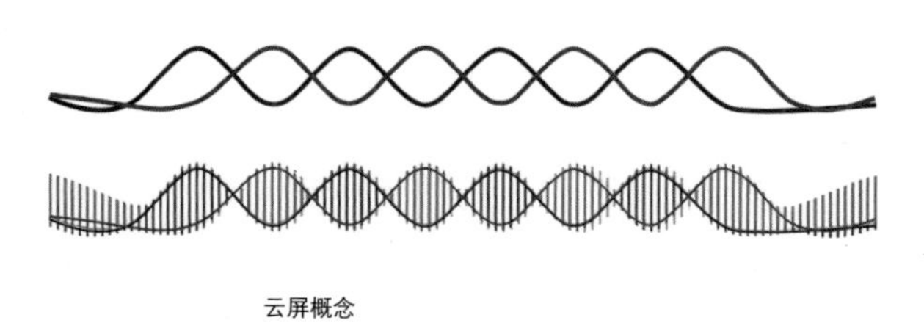

云屏概念

(3) 基础形态

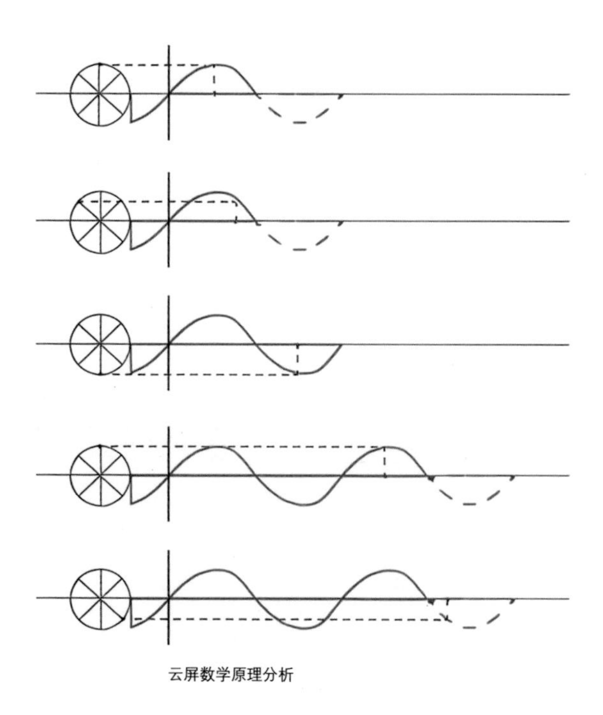

云屏数学原理分析

(4) 形态生成

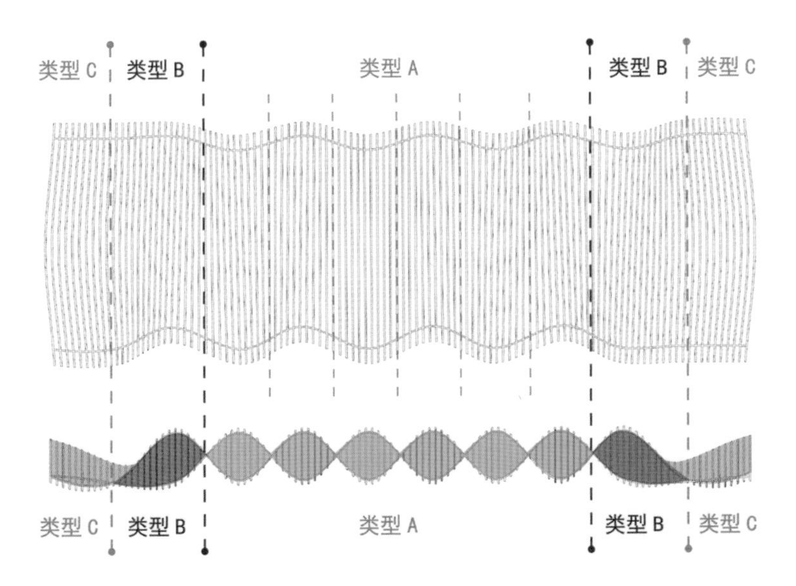

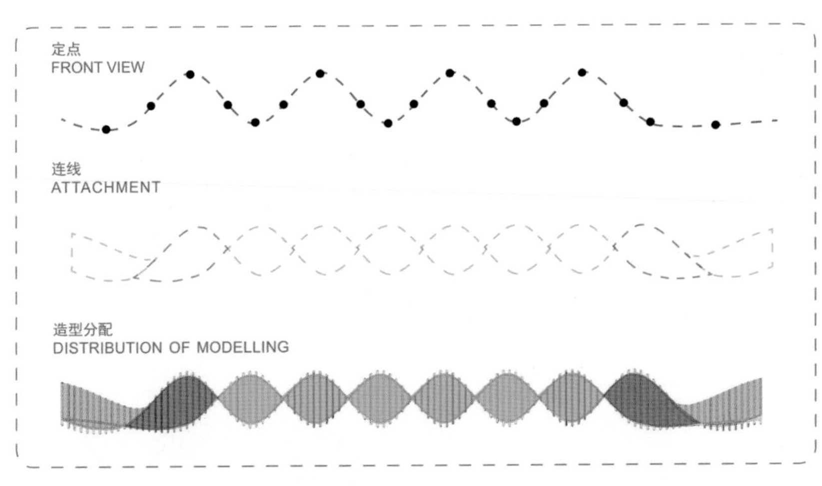

云屏造型生成

形态生成
MORPHOLOGICAL FORMATION

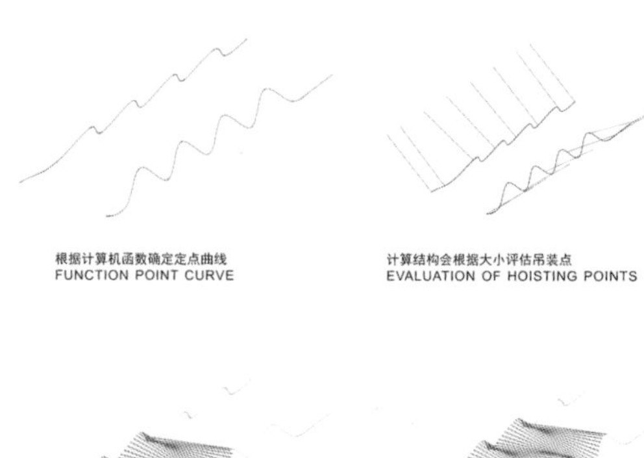

分割块面进行 3D 打印
SEGMENTATION SLICE

类型 A
类型 B
类型 C

N 块切片进行吊装
SLICE OF LIFTING

构件的完善
ARTIFACTS PERFECT

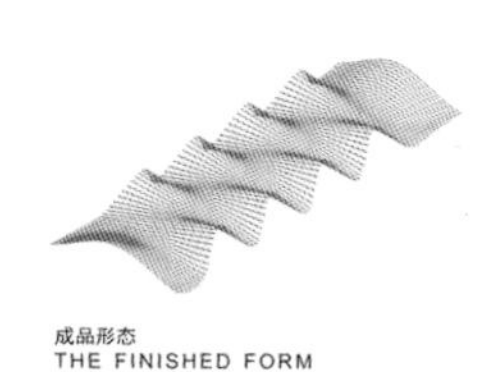

成品形态
THE FINISHED FORM

云屏模型

(5) 结构计算

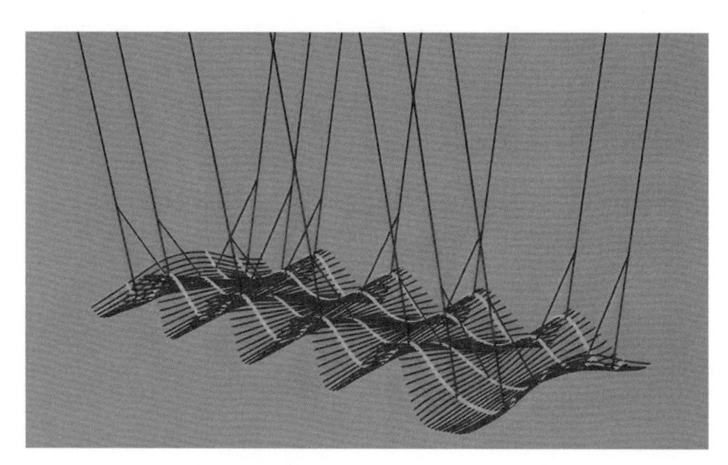

云屏吊挂结构分析

参考文献

[1] Г.M. 菲赫金哥尔茨 . 微积分学教程 [第一卷] [M]. 北京 : 高等教育出版社 ,2006.

[2] Г.M. 菲赫金哥尔茨 . 微积分学教程 [第二卷] [M]. 北京 : 高等教育出版社 ,2006.

[3] Г.M. 菲赫金哥尔茨 . 微积分学教程 [第三卷] [M]. 北京 : 高等教育出版社 ,2006.

[4] Martyn Page.MATHEMATICS A CURIOUS HISTORY FROM EARLY NUMBER CONCEPTS TO CHAOS THEORY[M].André Deutsch,2018.

[5] Göran Pohl, Werner Nachtigall. Biomimetics for Architecture & Design[M]. Springer,2015.

[6] 班纳 . 普林斯顿微积分读本 [M]. 北京：人民邮电出版社 ,2016.

[7] 密歇根州立大学 . 数学建模方法与分析 [M]. 北京：机械工业出版社 ,2014.

[8] 黄黎原 . 贝叶斯的博弈 : 数学、思维与人工智能 [M]. 北京 : 人民邮电出版社 ,2021.

[9] 约翰·P. 丹吉洛 , 道格拉斯·B. 韦斯特 . 优美的数学思维 : 问题求解与证明 [M]. 北京 : 机械工业出版社 ,2020.

[10] 格雷厄姆·法梅洛 . 物理世界的数学奇迹 [M]. 北京 : 中信出版社 ,2020.

[11] 史蒂夫·斯托加茨 . 微积分的力量 [M]. 北京 : 中信出版社 ,2021.

[12] 弗兰克·维尔切克 . 美丽之问 : 宇宙万物的大设计 [M]. 长沙 : 湖南科学技术出版社 ,2018.

[13] 储继迅，王萍，等. 高等数学教学设计 [M]. 北京：机械工业出版社 ,2019.
[14] Susanne Deicher.MONDRIAN[M]. Gardenrs,2016.
[15] IAN STEWART.THE BEAUTY OF NUMBERS IN NATURE[M].IVY PRESS,2017.
[16] Farshid Moussavi.THE FUNCTION OF FORM[M].Actar,the Harvard University Graduate Schcol of Design,2009.
[17] 杰弗里·韦斯特. 规模 SCALE: 复杂世界的简单法则 [M]. 北京：中信出版社 ,2018.
[18] 顾险峰. 当抽象的几何理论转化为算法程序 [J]. 科技导报 ,2015:102-103.
[19] 杨琳. 模数协调标准在室内设计中的应用 [C]// 中国建筑学会室内设计分会 2008 年郑州年会暨国际学术交流会论文集. 武汉：华中科技大学出版社 ,2008:50-54.
[20] 许磊. 浅谈模数化理念在建筑设计中的运用 [J]. 云南建筑 ,2007:1-3.
[21] 杨玉涛. 贝聿铭的设计方法及启示 [J]. 城市建设理论研究 2012.
[22] 宋伟，杨亚东. 浅谈贝聿铭中银大厦设计中模数的应用 [J]. 华章 ,2007:191.

特别鸣谢

日本百枝优事务所
项目名称：Agri Chapel
建筑师 : YU Momoeda Architects
图文制作：YU Momoeda Architects
摄影 : Yousuke Harigane

CO-LAB 设计事务所
建筑事务所：CO-LAB Design Office；
Arquitectura Mixta
摄影：Cesar Bejar

文森特嘉利宝建筑事务所（Vincent Callebaut）
项目名称：鹦鹉螺生态度假村
建筑师：Vincent Callebaut

John McAslan + Partners 建筑设计事务所，
ARUP 结构设计事务所
项目名称：英国伦敦国王十字车站
建筑师：John McAslan + Partners
结构设计：ARUP

拉吉・雷瓦尔建筑事务所
（RAJ REWAL ASSOCIATES）
项目名称：印度国家厅
建筑师：拉吉・雷瓦尔（Raj Rewal）
摄影师：ARIEL HUBER

坂茂建筑事务所
项目名称：韩国九桥乡村俱乐部
建筑师：坂茂
摄影师：Hiroyuki Hirai、 Blumer Lehmann

朱锫建筑设计事务所
项目名称：景德镇御窑博物馆
建筑师：朱锫

感谢同济室内四所同仁们的大力帮助，没有他们的鼎力支持这本书也不可能完成；感谢上海魔法石电脑技术有限公司提供了虚拟场景模拟图、马尔斯（中国）隔断系统公司提供中结算项目的部分照片、视觉中国提供了大部分的照片及插图。

后记

这本书主要由三个部分组成。1 到 9 章是第一部分，关于微积分及其最小作用量原理，将微积分视为逻辑引擎，分析了众多造型形成的深层次原因，以及由于内在力的最优化传递法则所产生的多个设计原型，概括了设计与自然界中的植物和动物存在相似性的原因。

10 到 13 章是第二部分，介绍了与设计有关联的数学分支——分形几何。分形几何在数学和造型艺术上都有涉及，并打破了空间维度只能是整数的传统定义，出现了整数和分数混合的分形维度，这是一个特别有趣的地方。此外，本书还介绍了科赫曲线和谢尔宾斯基三角及其应用案例，由它们展示了带分数维度的美妙特性，在有限的空间里可以有无限延展面的特点，以及把有限和无限联系起来，具有不可思议的魅力。这也是微积分使用无限的办法来解决有限的问题的思路的延续。

14 到 18 章是第三部分，采用了英国科学家杰弗里 · 韦斯特在《规模：复杂世界的简单法则》中提出的方法。韦斯特对幂指数进行了深入的研究，认为所有系统都具有相似性，而且这种相似性与系统内的某些指标的幂指数相关联，这样系统之间通过数字产生了联系。

我们通常知道的统计数据有两种形态：正态分布和幂律指数分布。通过幂律指数或导数来联系微积分中的数与形，可以找到事物的数量、面积、体积以及其他数值的规律。韦斯特发现，不同系统之间的幂律指数数值是恒定的，这意味着幂律指数是不同系统、生物和事物之间产生联系的桥梁，类似于微积分中的导数、分形几何中的分形维度等。相较于正态分布规律描述的常规状态的规律，更深刻的规律则隐藏在幂律指数分布规律中。那也是我的一个基本认知，成系统的事物在统计学层面上是一定能够产生关联的。本书旨在以数理逻辑概念为主线，以统计数据的规律作为认知理性的底线，来为生活和建筑室内设计工作提供解释和理论依据，为数与形之间的联系与发展提供可能的研究方向。

从物理学角度看，这个世界所有事物都由光子构成，它们存在的根本原因在于光。费马定理特别提到了，光线在不同介质里，总是会寻找最短路径来行进，这是一个多么深刻的自然规律，似乎表明大自然有其思想和灵魂。它以最小化、最短化和最节省的方式为准则，这个思想被人类所发现，令人惊叹。

微积分中的最小作用量原理提供了真实的指导原则，可以对我们的设计产生决定性的影响。在纷繁复杂的世界中，它能给人们提供精确的选择。

本书收笔之时，恰逢 ChatGPT-4 问世。我曾用它进行项目策划、学习新知识、新理论，还时不时与它进行深度交流,每天沉浸在虚拟与现实之间,感受着人工智能快速进入我们时代的惊喜与焦虑。

先进的科技可以替代人类的一部分工作，但是人类的决策、洞见以及跨越不同领域的领悟能力还是人工智能暂时无法取代的。在互联网时代，随着软件迭代和数据积累，人类已经开始代谢数据而非能源。从数据中把握从微观到宏观的变化与联系，往往还是需要借助数学这一工具。然而，我们仍需关注人类自身的发展方向。在科技驱动下，我们应该不断地调整工作的重心，从低端到高端、从事务性工作向决策性工作转型。最终人类的命运仍掌握在我们自己的手中，这是我现在的信念。

宇宙万物、学科理论，看起来纷繁复杂，但实际上它们遵循着自身内在的规律。最小作用量原理揭示了这些规律的灵魂。它告诉我们，如果找到大自然的规则，就可以把纷繁复杂的事物归纳到很简单的原理上，而这个原理是可以用数学来表达的。这就是我对自然、对建筑室内设计的一点思考和感悟。

图书在版编目（CIP）数据

沿着鹦鹉螺线滑行：建筑室内设计的数学思考 / 顾骏著．
-- 上海：上海科学技术文献出版社，2023
ISBN 978-7-5439-8823-1
Ⅰ．①沿… Ⅱ．①顾… Ⅲ．①数学－应用－室内装饰设计
Ⅳ．① TU238.2

中国国家版本馆 CIP 数据核字 (2023) 第 077677 号

责任编辑：苏密娅
书籍设计：张国樑　董伟

沿着鹦鹉螺线滑行
建筑室内设计的数学思考
顾骏 / 著

出版发行：上海科学技术文献出版社
地　　址：上海市长乐路 746 号
邮政编码：200040
经　　销：全国新华书店
印　　刷：上海雅昌艺术印刷有限公司
开　　本：787 × 1092　1/16
字　　数：210 千字
印　　张：13
版　　次：2023 年 9 月第 1 版第 1 次印刷
ISBN 978-7-5439-8823-1
定　　价：218.00 元

http://www.sstlp.com

上海科学技术文献出版社
微信号：shkjwx